普通高等教育"十一五"国家级规划教材

数 控 编 程

（第4版）

主 编 曹 凤

U0240262

重庆大学出版社

内 容 简 介

本书系普通高等教育"十一五"国家级规划教材,是根据全国高职高专机械类系列
教学大纲编写的。全书共 8 章,包括数控技术概述,数控加工与编程基础,数控加工的工艺、
数控车床加工的程序编制、数控铣床加工的程序编制、数控加工中心机床的程序编制,数控线切
程序编制,计算机辅助数控加工编程。每章均附思考题与习题。

本书贯彻了高职高专教育"以技能型应用性人才培养为主,重在实践"的原则;取材适当、内容丰富、理论
联系实际;书中配有大量编程实例及习题、图文并茂、直观易懂,便于学生学习;同时注意吸取本专业应用的最
新成果,兼顾了数控加工编程技术的先进性和实用性。

本书可作为大专院校数控技术及应用、计算机辅助设计与制造、模具设计与制造、机电一体化、机械制造
与自动化等相关专业的教材,也可作为机械工程类各专业电大、函大、夜大、职大生的教材,亦可作为从事数控
编程、数控机床应用的工程技术人员的参考书。

图书在版编目(CIP)数据

数控编程/曹凤主编.—3 版.—重庆:重庆大
学出版社,2013.6(2023.1 重印)
高职高专机械系列教材
ISBN 978-7-5624-2455-0

Ⅰ.①数… Ⅱ.①曹… Ⅲ.①数控机床—程序设计—
高等职业教育—教材 Ⅳ.①TG659

中国版本图书馆 CIP 数据核字(2013)第 124065 号

普通高等教育"十一五"国家级规划教材
数控编程
(第 4 版)
主编 曹 凤
责任编辑:曾令维 穆安民 版式设计:曾令维
责任校对:文 鹏 责任印制:张 策
*
重庆大学出版社出版发行
出版人:饶帮华
社址:重庆市沙坪坝区大学城西路 21 号
邮编:401331
电话:(023) 88617190 88617185(中小学)
传真:(023) 88617186 88617166
网址:http://www.cqup.com.cn
邮箱:fxk@ cqup.com.cn(营销中心)
全国新华书店经销
POD:重庆市圣立印刷有限公司
*
开本:787mm×1092mm 1/16 印张:15.25 字数:381 千
2018 年 8 月第 4 版 2023 年 1 月第 9 次印刷
ISBN 978-7-5624-2455-0 定价:38.00 元

第4版前言

　　数控技术是制造业实现自动化、柔性化、集成化生产的基础,数控技术的应用是提高制造业产品质量和劳动生产率必不可少的重要手段。随着中国经济的快速发展,制造业已成为国民经济的支柱产业。

　　制造业的发展和先进制造技术的广泛使用,导致数控应用型人才严重短缺。"高薪难聘高素质的数控技工",成为全社会普遍关注的热点问题,已引起中央领导、教育部、劳动与社会保障部的高度重视。教育部周济部长在全国高等职业教育产学研结合第二次经验交流会上指出:"中国制造业在国际分工中已经争取到了比较有利的地位,正在从跨国公司的加工组装基地向世界制造业基地转变。我们希望中国尽快成为世界制造业的中心。要实现这样的愿望,除了需要政策环境和廉价劳动力等方面的支撑外,更需要大批高素质的专门人才,特别是大批具有较高素质的技能型应用性人才。高等职业教育负有义不容辞的责任,必须加快发展。"

　　"数控编程"是数控、模具等制造类相关专业教学的重要专业技术课程之一,教材编写中贯彻了高职高专教育"以技能型应用性人才培养为主,重在实践"的原则。本书取材适当、内容丰富、理论联系实际,书中配有大量编程实例及习题,图文并茂、直观易懂,便于学生学习,同时注意吸取本专业应用的最新成果,兼顾了数控加工编程技术的先进性和实用性。全书共8章:第1章数控技术概述,主要讲述数控技术及其加工编程的基本概念,数控机床的工作原理、分类、加工特点及其应用范围,数控技术的现状和发展趋势;第2章数控加工与编程基础,主要讲述插补的基本概念,数控编程的基本内容和方法,数控加工程序的格式、代码及坐标系,常用数控指令及其用法;第3章数控加工的工艺设计和数值计算,主要讲述数控加工方案的确定、工艺设计、刀夹具选择、切削用量的确定,数控编程中基点和节点的计算方法等内容;第4章数控车床加工的程序编制、第5章数控铣床加工的程序编制、第6章数控加工中心机床的程序编制,分别讲述数控车床、数控铣床、数控加工中心机

1

床的手工编程方法,重点介绍 FANUC 0i 数控系统和华中世纪星 H-21 数控系统的编程方法和编程实例;第 7 章数控线切割机床加工的程序编制,主要讲述数控线切割机床的手工编程方法;第 8 章计算机辅助数控加工编程主要讲述计算机辅助编程的基本原理、方法、现状和发展趋势,CAD/CAM 软件编程的基本步骤,重点介绍 CAXA 制造工程师和 MasterCAM 软件的功能、编程方法和编程实例。每章均附思考题与习题。

　　本书是普通高等教育"十一五"国家级规划教材,由成都电子机械高等专科学校曹凤任主编,唐庆任副主编,成都电子机械高等专科学校罗彬、李可、陕西理工学院戴俊平,昆明冶金高等专科学校曾华林、陕西工业职业技术学院赵云龙参加了本书的编写。其中:第 1、8 章由曹凤编写,第 2 章由曹凤、曾华林编写,第 3 章由唐庆、赵云龙编写,第 4 章由李可、戴俊平编写,第 5 章由罗彬、戴俊平编写,第 6 章、第 7 章由唐庆、戴俊平编写。全书由曹凤负责统稿和定稿。

　　本书由四川大学制造科学与工程学院高春华教授、武汉职业技术学院机电工程学院李望云院长主审。

　　限于编者的水平和经验,书中难免有错误和不当之处,恳请读者批评指正。

编　者

2018 年 5 月

目录

第**1**章
数控技术概论

制造业是所有与制造有关的企业机构的总体,是一个国家国民经济的支柱产业。它一方面为全社会生产日用消费品,创造价值,另一方面为国民经济各个部门提供生产资料和装备。据估计,工业化国家70% ~80%的物质财富来自制造业,约有1/4的人口从事各种形式的制造活动。可见,制造业对一个国家的经济地位和政治地位具有至关重要的影响,在21世纪的工业生产中具有决定性的地位与作用。

由于现代科学技术日新月异的发展,机电产品日趋精密和复杂,且更新换代加快,改型频繁,用户的需求也日趋多样化和个性化,中小批量的零件生产越来越多。这对制造业的精度、效率和柔性提出了更高的要求,希望市场能提供满足不同加工需求、迅速高效、低成本地构筑面向用户的生产制造系统,并大幅度地降低维护和使用的成本。同时还要求新一代制造系统具有方便的网络功能,以适应未来车间面向任务和订单的生产组织和管理模式。

因此,随着社会经济发展对制造业的要求不断提高,以及科学技术特别是计算机技术的高速发展,传统的制造业已发生了根本性的变革。以数控技术为主的现代制造技术占据了重要地位,数控技术集微电子、计算机、信息处理、自动检测、自动控制等高新技术于一体,是制造业实现柔性化、自动化、集成化、智能化的重要基础。这个基础是否牢固直接影响到一个国家的经济发展和综合国力,关系到一个国家的战略地位。因此,世界上各工业发达国家均采取重大措施来发展自己的数控技术及其产业。在我国,数控技术与装备的发展亦得到了高度重视,近年来取得了相当大的进步,特别是在通用微机数控领域,基于 PC 平台的国产数控系统,已经走在了世界前列。

1.1　数控技术的基本概念

1.1.1　**数控技术**

数控(Numerical Control)技术是指用数字化的信息对某一对象进行控制的技术,控制对象可以是位移、角度、速度等机械量,也可以是温度、压力、流量、颜色等物理量,这些量的大小不仅是可以测量的,而且可以经 A/D 或 D/A 转换,用数字信号来表示。数控技术是近代发展起来的一种自动控制技术,是机械加工现代化的重要基础与关键技术。

1.1.2　数控加工

数控加工是指采用数字信息对零件加工过程进行定义,并控制机床进行自动运行的一种自动化加工方法。数控加工技术是 20 世纪 40 年代后期为适应加工复杂外形零件而发展起来的一种自动化技术。1947 年,美国帕森斯(Parsons)公司为了精确地制作直升机机翼、桨叶和飞机框架,提出了用数字信息来控制机床自动加工外形复杂零件的设想。他们利用电子计算机对机翼加工路径进行数据处理,并考虑到刀具直径对加工路径的影响,使得加工精度达到 $\pm 0.001\ 5$ 英寸($0.038\ 1$ mm)。1949 年美国空军为了能在短时间内制造出经常变更设计的火箭零件,与帕森斯公司和麻省理工学院(MIT)伺服机构研究所合作,于 1952 年研制成功世界上第一台数控机床——三坐标立式铣床,可控制铣刀进行连续空间曲面的加工,揭开了数控加工技术的序幕。

数控加工是一种具有高效率、高精度与高柔性特点的自动化加工方法,可有效解决复杂、精密、小批量多变化零件的加工问题,充分适应现代化生产的需要。数控加工必须由数控机床来实现。

1.1.3　数控机床

数控机床就是采用了数控技术的机床。数控机床将零件加工过程所需的各种操作(如主轴变速、主轴启动和停止、松夹工件、进刀退刀、冷却液开或关等)和步骤以及刀具与工件之间的相对位移量都用数字化的代码来表示,由编程人员编制成规定的加工程序,通过输入介质(磁盘等)送入计算机控制系统,由计算机对输入的信息进行处理与运算,发出各种指令来控制机床的运动,使机床自动地加工出所需要的零件。

现代数控机床综合应用了微电子技术、计算机技术、精密检测技术、伺服驱动技术以及精密机械技术等多方面的最新成果,是典型的机电一体化产品。

1.1.4　数控编程

数控编程(NC Programming)就是生成用数控机床进行零件加工的数控程序的过程。数控程序由一系列程序段组成,程序段是把零件的加工过程、切削用量、位移数据以及各种辅助操作,按机床的操作和运动顺序,用机床规定的指令及程序格式排列而成的一个有序指令集。例如:

N01 G00 X200 Y － 39 M03;

该程序段表示一个操作:命令机床以设定的快速运动速度,以直线方式移动到 X = 200 mm,Y = － 39 mm 处后,主轴正转。其中 N01 是程序段的行号;G00 字表示机床快速定位;X200 和 Y － 39 表示沿 x 轴和 y 轴的位移坐标值;M03 表示主轴正转。

零件加工程序的编制(数控编程)是实现数控加工的重要环节,特别是对于复杂零件的加工,其编程工作的重要性甚至超过数控机床本身。此外,在现代生产中,产品形状及质量信息往往需通过坐标测量机或直接在数控机床上测量来得到,测量运动指令也有赖于数控编程来产生。因此,数控编程对于产品质量控制也有着重要的作用。数控编程技术涉及制造工艺、计算机技术、数学、计算机几何、微分几何、人工智能等众多学科领域知识,它所追求的目标是如何更有效地获得满足各种零件加工要求的高质量数控加工程序,以便充分地发挥数控机床的性能,获得更高的加工效率与加工质量。

1.2　数控机床概述

1.2.1　数控机床的组成与工作过程

(1)数控机床的组成

如图1.1所示,数控机床主要由输入输出设备、计算机数控系统、伺服系统和机床本体四部分组成。

1)输入输出设备

输入输出设备主要实现编制程序、输入程序、输入数据以及显示、存储和打印等功能。常用的输入输出设备有:键盘、纸带阅读机、磁带或磁盘输入机、CRT显示器等,高级的数控机床还配有一套自动编程机或CAD/CAM系统。

2)数控系统

数控系统是数控机床的"大脑"和"核心",通常由一台通用或专用计算机构成。它的功能是接受输入装置输入的加工信息,经过数控系统中的系统软件或逻辑电路进行译码、运算和逻辑处理后,发出相应的各种信号和指令给伺服系统,通过伺服系统控制机床的各个运动部件按规定要求动作。

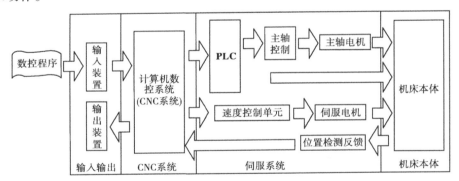

图1.1　数控机床基本结构框图

3)伺服系统

伺服系统接收来自数控系统的指令信息,严格按指令信息的要求驱动机床的运动部件动作,以加工出符合图纸要求的零件。伺服系统的伺服精度和动态响应是影响数控机床的加工精度、表面质量和生产效率的重要因素之一。

伺服系统包括伺服控制线路、功率放大线路、伺服电动机、机械传动机构和执行机构等。常用的伺服电机是步进电机、直流和交流伺服电机。伺服系统有开环、半闭环和闭环之分。在半闭环和闭环伺服系统中,还需配有位置检测装置,直接或间接测量执行部件的实际位移量,并与指令位移量进行比较,按闭环原理,用其差值来控制执行部件的进给运动。

4)机床本体

3

机床本体是数控机床的主体,包括:床身、立柱等支承部件;主轴等运动部件;工作台、刀架以及进给运动执行部件、传动部件;此外还有冷却、润滑、转位和夹紧等辅助装置,对加工中心类数控机床,还有存放刀具的刀库、交换刀具的机械手等部件。与传统机床相比,数控机床的外部造型、整体布局、传动系统与刀具系统的部件结构以及操作机构等都发生了很大的变化,这种变化的目的是为了满足数控技术的要求和充分发挥数控加工的优点。

（2）**数控机床的工作过程**

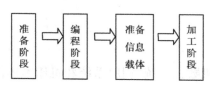

图 1.2   数控加工过程

在数控机床上加工零件的过程如图 1.2 所示。

1）准备阶段

根据加工零件的图纸,确定有关加工数据(刀具轨迹坐标点、加工的切削用量、刀具尺寸信息等),根据工艺方案、夹具选用、刀具类型选择等确定其他辅助信息。

2）编程阶段

根据加工工艺信息,用机床数控系统能识别的语言编写数控加工程序,程序就是对加工工艺过程的描述,并填写程序单。

3）准备信息载体

根据已编好的程序单,将程序存放在信息载体(穿孔带、磁带、磁盘等)上,信息载体上存储着加工零件所需要的全部信息。目前,随着计算机网络技术的发展,可直接由计算机通过网络与机床数控系统通讯。

4）加工阶段

当执行程序时,机床 NC 系统将程序译码、寄存和运算,向机床伺服机构发出运动指令,以驱动机床的各运动部件,自动完成对工件的加工。

1.2.2   数控机床的分类

数控机床的种类、型号繁多,其分类方法主要有以下几种:

（1）**按工艺用途分类**

数控机床按其加工工艺方式可分为金属切削类数控机床、金属成型类数控机床、特种加工数控机床和其他类型数控机床。在金属切削类数控机床中,根据其自动化程度的高低,又可分为普通数控机床、加工中心和柔性制造单元(FMC)。

普通数控机床和传统的通用机床一样,有数控车床(图 1.3)、数控铣床(图 1.4)、数控钻床等,这类数控机床的工艺特点和相应的通用机床相似,但它们具有加工复杂形状零件的能力。

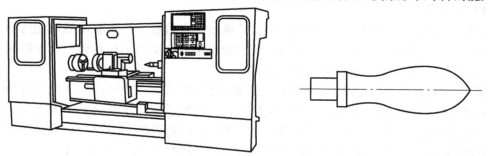

图 1.3   数控车床及其加工的手柄零件

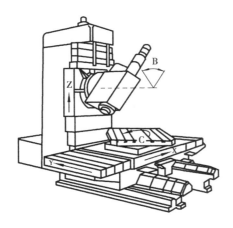

图 1.4　五轴数控铣床及其加工的叶轮零件

　　加工中心机床常见的是镗铣类加工中心(图 1.5)和车削中心,它们是在相应的普通数控机床的基础上加装刀库和自动换刀装置而构成。其工艺特点是:工件经一次装夹后,数控系统能控制机床自动地更换刀具,连续地自动地对工件各加工面进行铣(车)、镗、钻等多工序加工。

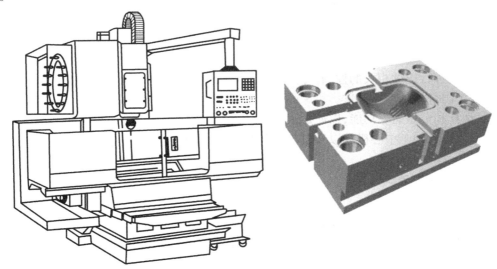

图 1.5　镗铣加工中心及其加工的箱体零件

　　柔性制造单元(图 1.6)是具有更高自动化程度的数控机床。它可以由加工中心加上搬运机器人等自动物料存储运输系统组成,有的还具有加工精度、切削状态和加工过程的自动监控功能,可实现 24 小时无人加工。

　　(2)按控制运动轨迹分类

　　1)点位控制数控机床

　　这类数控机床只控制运动部件从一点移动到另一点的准确定位,即只保证行程终点的坐标值。而对点到点之间的移动速度和运动轨迹没有严格要求,可以沿多个坐标同时移动,也可以沿各个坐标先后移动。在移动过程中,刀具也不进行切削加工。

　　采用点位控制的机床有数控钻床、数控冲床、数控坐标镗床和数控测量机等,用于加工带有坐标孔系的零件或测量坐标位置。为提高生产效率和保证定位精度,机床工作时一般先快速运动,当接近终点位置时,再降速缓慢趋近终点,从而减少运动部件因惯性过冲所引起的定位误差。

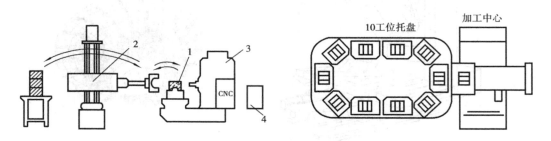

（a）带机器人的 FMC　　　　　　　　（b）带托盘交换系统的 FMC

1—工件　2—机器人　3—加工中心　4—监控器

图 1.6　柔性制造单元

2）直线控制数控机床

这类数控机床不仅要控制点到点的准确定位,而且要控制两点之间移动的轨迹是一条直线,且在运动过程中,刀具按规定的进给速度进行切削。采用这类控制的机床有简易数控车床、数控镗铣床和数控磨床等。

3）轮廓控制数控机床

这类机床又叫连续控制或多坐标联动数控机床。它能够对两个或两个以上的运动坐标轴的位移及速度进行连续相关的控制,使刀具和工件按规定的平面或空间轮廓轨迹进行相对运动,从而加工出合格的产品。这类机床的数控装置一般要求有直线和圆弧插补功能,有较高速度的数字运算和信息处理功能,以便加工出形状复杂的零件。目前,大多数数控机床,如数控车床、铣床、磨床、加工中心机床以及其他数控设备（如数控绘图机、测量机等）均具有轮廓控制功能。

（3）按伺服控制方式分类

1）开环控制数控机床

如图 1.7 所示,开环控制数控机床没有位置检测元件,伺服用驱动元件通常有功率步进电机或混合式步进电机。数控系统每发出一个指令脉冲,经驱动电路放大后,驱动电机旋转一个角度,再经传动机构带动工作台移动。这类机床控制的信息流是单向的,脉冲信号发出后,实际位移值不再返回,所以称开环控制,其精度主要取决于驱动元器件和步进电机的性能。

图 1.7　开环控制系统框图

开环控制的优点是结构简单、调试和维修方便,成本较低,缺点是精度较低,进给速度受步进电机工作频率的限制。一般适用于中、小型经济型数控机床,以及普通机床的数控化改造。近年来,随着高精度步进电机特别是混合式步进电机的应用,以及恒流斩波、PWM 等技术及微步驱动、超微步驱动技术的发展,步进伺服的高频出力与低频振荡得到极大的改善,开环控制数控机床的精度和性能也大为提高。

2）闭环控制数控机床

如图 1.8 所示,这类机床带有直线位置检测装置,可直接对工作台的实际位移量进行检测。在加工过程中,将速度反馈信号送到速度控制电路,将工作台实际位移量反馈回位置比较电路,与数控装置发出的位移指令值进行比较,用比较后的误差信号作为控制量去控制工作台的运动,直到误差为零为止。常用的伺服驱动元件为直流或交流伺服电动机。

这种机床因为把工作台纳入了控制环,故称闭环控制。闭环控制可以消除包括工作台传动链在内的传动误差,因而定位精度高、调节速度快。但由于机床工作台惯量大,对系统的稳定性会带来不利影响,使调试、维修更加困难,且控制系统复杂,成本高,故一般对要求很高的数控机床才采用这种控制方式,如数控精密镗铣床等。

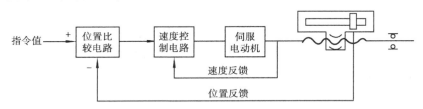

图 1.8　闭环控制系统框图

3）半闭环控制数控机床

如图 1.9 所示,这类机床与闭环控制机床的区别在于检测反馈信号不是来自安装在工作台上的直线位移测量元件,而是来自安装在电机轴或丝杆轴上的角位移测量元件。通过测量电机转角或丝杆转角推算出工作台的位移量,并将此值与指令值进行比较,用差值来进行控制。从图 1.9 中可以看出,由于工作台未包括在控制回路中,因而称半闭环控制。这种控制方式由于排除了惯量很大的机床工作台部分,使整个系统的稳定性得以保证。目前已普遍将角位移检测元件与伺服电机做成一个部件,使系统结构简单、调试和维护也方便。

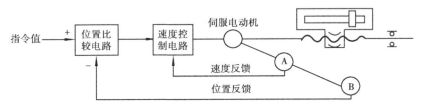

图 1.9　半闭环控制系统框图

半闭环控制数控机床的性能介于开环和闭环控制数控机床之间。精度虽比闭环低,但调试和维护维修却比闭环方便得多,因而得到了广泛的应用。

（4）**按控制坐标轴数分类**

根据控制系统所能控制的坐标轴数,数控机床可分为:两坐标（轴）数控机床、2.5 坐标（轴）数控机床、三坐标（轴）数控机床以及多坐标（轴）数控机床。根据控制系统所能同时控制的坐标轴数,数控机床可分为:两坐标（轴）联动数控机床、三坐标（轴）联动数控机床以及多坐标（轴）联动数控机床。一般数控机床的联动轴数少于控制轴数。

1.2.3　数控加工的特点和应用范围

（1）数控加工的特点

1）具有复杂形状加工能力

复杂形状零件的加工在飞机、汽车、造船、模具、动力设备和国防军工等制造部门具有重要地位，其加工质量直接影响整机产品的性能。数控加工运动的任意可控性使其能完成普通加工方法难以完成或者无法进行的复杂型面加工。

2）高质量

数控加工是用数字程序控制实现自动加工，排除了人为误差因素，且加工误差还可以由数控系统通过软件技术进行补偿校正。因此，采用数控加工可以提高零件加工精度和产品质量。

3）高效率

与采用普通机床加工相比，采用数控加工一般可提高生产率2～3倍，在加工复杂零件时生产率可提高十几倍甚至几十倍。特别是五面体加工中心和柔性制造单元等设备，零件一次装夹后能完成几乎所有表面的加工，不仅可消除多次装夹引起的定位误差，还可大大减少加工辅助操作，使加工效率进一步提高。

4）高柔性

只需改变零件程序即可适应不同品种的零件加工，且几乎不需要制造专用工装夹具，因而加工柔性好，有利于缩短产品的研制与生产周期，适应多品种、中小批量的现代生产需要。

5）减轻劳动强度，改善劳动条件

数控加工是按事先编好的程序自动完成的，操作者不需要进行繁重的重复手工操作，劳动强度和紧张程度大为改善，劳动条件也相应得到改善。

6）有利于生产管理

数控加工可大大提高生产率、稳定加工质量、缩短加工周期、易于在工厂或车间实行计算机管理。数控加工技术的应用，使机械加工的大量前期准备工作与机械加工过程联为一体，使零件的计算机辅助设计（CAD）、计算机辅助工艺规划（CAPP）和计算机辅助制造（CAM）的一体化成为现实，宜于实现现代化的生产管理。

（2）数控加工的主要应用范围

数控加工是一种可编程的柔性加工方法，但其设备费用相对较高，故目前数控加工多应用于加工零件形状比较复杂、精度要求较高，以及产品更换频繁、生产周期要求短的场合。具体地说，下面这些类型的零件最适宜于数控加工：

1）形状复杂（如用数学方法定义的复杂曲线、曲面轮廓）、加工精度要求高的零件；

2）公差带小、互换性高、要求精确复制的零件；

3）用普通机床加工时，要求设计制造复杂的专用工装夹具或需要很长调整时间的零件；

4）价值高的零件；

5）小批量生产的零件；

6）需一次装夹加工多部位（如钻镗铰攻螺纹及铣削加工联合进行）的零件。

可见，目前的数控加工主要应用于以下两个方面：

一方面的应用是常规零件加工，如二维车削、箱体类镗铣等，其目的在于：提高加工效率，避免人为误差，保证产品质量；以柔性加工方式取代高成本的工装设备，缩短产品制造周期，适应市场需求。这类零件一般形状较简单,实现上述目的的关键在于提高机床的柔性自动化程度、高速高精加工能力、加工过程的可靠性与设备的操作性能。同时合理的生产组织、计划调度和工艺过程安排也非常重要。

另一方面的应用是复杂形状零件加工,如模具型腔、涡轮叶片等。这类零件型面复杂,用常规加工方法难以实现,它不仅促使了数控加工技术的产生,而且也一直是数控加工技术主要研究及应用的对象。由于零件型面复杂,在加工技术方面,除要求数控机床具有较强的运动控制能力(如多轴联动)外,更重要的是如何有效地获得高效优质的数控加工程序,并从加工过程整体上提高生产效率。

1.3　数控技术的现状和发展趋势

1.3.1　发展历程

从 1952 年第一台数控机床问世至今 50 多年,随着微电子技术的不断发展,数控系统也在不断地更新换代,先后经历了电子管(1952 年)、晶体管(1959 年)、小规模集成电路(1965 年)、大规模集成电路及小型计算机(1970 年)、微处理机或微型计算机(1974 年)五代。前三代数控系统属于采用专用控制计算机的硬逻辑接线数控系统,称普通数控系统(NC)。20 世纪 70 年代初,小型计算机逐渐普及并应用于数控系统,数控系统中的许多功能由软件实现,简化了系统设计并增加了系统的灵活性和可靠性,计算机数控(CNC)技术从此问世,数控系统发展到第四代。1974 年,以微处理器为基础的 CNC 系统问世,标志着数控系统进入了第五代。1977 年,麦道飞机公司推出了多处理器的分布式 CNC 系统。到 1981 年,CNC 达到了全功能的技术特征,其体系结构朝柔性模块化方向发展。1986 年以来 32 位 CPU 在 CNC 系统得到了应用,CNC 系统进入了面向高速度、高精度、柔性制造系统(FMS)、计算机集成制造系统(CIMS)和自动化工厂(FA)的发展阶段。

20 世纪 90 年代以来,受通用微机技术飞速发展的影响,数控系统正朝着以通用微机(个人计算机——PC)为基础、体系结构开放和智能化的方向发展。1994 年基于 PC 的 NC 控制器在美国首先出现于市场,此后得到迅速发展。由于基于 PC 的开放式数控系统可充分利用通用微机丰富的硬软件资源和适用于通用微机的各种先进技术,已成为数控技术发展的潮流和趋势。

在伺服驱动方面,随着微电子、计算机和控制技术的发展,伺服驱动系统的性能也不断提高,从最初的电液伺服电机和功率步进电机开环控制驱动发展到直流伺服电机和目前广泛应用的交流伺服电机闭环(半闭环)控制驱动,并由模拟控制向数字化控制方向发展。在高性能的数控系统上已普遍采用数字化的交流伺服驱动,使用高速数字信号处理器(DSP)和高分辨率的检测器,以极高的采样频率进行数字补偿,实现伺服驱动的高速高精度化。同时,新的控制方法也被不断采用,以进一步提高伺服控制精度。如 FANUC 15M 采用前馈预测控制和非线性补偿控制方法,FANUC 16M 中的逆传递函数控制法 DENG 等。

数控系统在不断的更新换代的同时,数控机床的品种也在不断发展。自 1952 年美国研制出世界上第一台数控铣床后,德、日、前苏联等国于 1956 年分别研制出其本国第一台数控机床。我国于1958年由清华大学和北京第一机床厂合作研制了第一台数控铣床。20世纪50年代末期,美国 K & T 公司开发了第一台加工中心,从而揭开了加工中心的序幕。1967年,英国首先把几台数控机床连接成具有柔性的加工系统,这就是最初的 FMS。70年代—80年代,随着数控系统和其他相关技术的发展,数控机床的效率、精度、柔性和可靠性进一步提高,品种规格系列化,门类扩展齐全,FMS 也逐步进入了实用化阶段。目前,几乎所有品种的机床都实现了数控化,并以发展数控单机为基础,加快了向 FMC、FMS 及计算机集成制造系统工程(CIMS)全面发展的步伐。数控加工装备的范围也正迅速延伸和扩展,除金属切削机床外,不但扩展到铸造机械、锻压设备等各种机械加工装备,而且延伸到非金属加工行业中的玻璃、陶瓷制造等各类装备。数控机床已成为国家工业现代化和国民经济建设中的基础与关键设备。

1.3.2 技术现状与发展趋势

数控机床技术可从精度、速度、柔性和自动化程度等方面来衡量,目前的技术现状与发展趋势如下:

(1)高精度化

精度包括机床制造的几何精度和机床使用的加工精度,两个方面均已取得明显进展。例如,普通级中等规格加工中心的定位精度已从20世纪80年代中期的0.012 mm/300 mm,提高到0.002～0.005 mm/全程。精密级数控机床的加工精度已由原来的0.005 mm 提高到0.001 5 mm。

(2)高速度化

提高生产率是机床技术追求的基本目标之一,实现该目标的关键是提高切削速度、进给速度和减少辅助时间。中等规格加工中心的主轴转速已从过去的 2 000～3 000 r/min 提高到10 000 r/min 以上。日本新泻铁工所生产的 UHSIO 型超高速数控立式铣床主轴最高转速高达100 000 r/min。中等规格加工中心的快速进给速度从过去的 8～12 m/min 提高到 60 m/min。加工中心换刀时间从 5～10 s 减少到小于 1 s。而工作台交换时间也由过去的 12～20 s 减少到2.5 s 以内。

(3)高柔性化

采用柔性自动化设备,是提高加工精度和效率、缩短生产周期、适应市场变化需求和提高竞争能力的有效手段。数控机床在提高单机柔性化的同时,朝着单元柔性化和系统柔性化方向发展,如出现了可编程控制器(PLC)控制的可调组合机床、数控多轴加工中心,换刀换箱式加工中心、数控三坐标动力单元等具有高柔性、高效率的柔性加工单元(FMC)。柔性制造系统(FMS)、介于传统自动线与 FMS 之间的柔性制造线(FTL)、计算机集成制造系统(CIMS)以及自动化工厂(FA)也有较大发展。有的厂家则走组合柔性化之路,这类柔性加工系统由若干加工单元合成,自动上下料机械手兼负工件传输的作用。

(4)高自动化

高自动化是指在全部加工过程中尽量减少“人”的介入而自动完成规定的任务,它包括物料流和信息流的自动化。自20世纪80年代中期以来,以数控机床为主体的加工自动化已从“点”的自动化(单台数控机床)发展到“线”的自动化(FMS、FTL)和“面”的自动化(柔性制造车间),结合信息管理系统的自动化,逐步形成整个工厂“体”的自动化。目前国内外已出现FA(自动化工厂)和 CIMS(计算机集成制造)工厂的雏形实体。尽管由于这种高自动化的技术还不够完备,投资过大,回收期长,但数控机床的高自动化并向 FMS、CIMS 集成方向发展的总趋势仍然是机械制造业发展的主流。数控机床的自动化除进一步提高其自动编程、上下料、加工等自动化程度外,还在自动检索、监控、诊断等方面进一步发展。

（5）**智能化**

随着人工智能在计算机领域的不断渗透与发展,同时为适应制造业生产柔性化、自动化发展需要,数控设备智能化程度也在不断提高。如 Mitsubishi Elexric 公司的数控电火花成型机床上的"Miracle Fuzzy"自适应控制器利用基于模糊逻辑的自适应控制技术,能自动控制和优化加工参数,使操作者不需具备专门的知识就能很好的操作机床;日本大限公司的 7000 系列数控系统带有人工智能式自动编程功能;日本牧野公司在电火花数控系统 MAKINO-MCE20 中,用带自学习功能的神经网络专家系统代替操作人员进行加工监视。

（6）**复合化**

复合化包含工序复合化和功能复合化。数控机床的发展已模糊了粗精加工工序的概念。加工中心的出现,又把车、铣、镗等工序集中到一台机床来完成,打破了传统工序界限和分开加工的工艺规程。近年来,又相继出现了许多跨度更大功能更集中的超复合化数控机床,如在 2007 年 4 月中国北京举办的国际制造技术展览会上,沈阳机床（集团）有限责任公司展出的 5 轴联动车铣复合中心（图 1.10）;南京数控机床有限责任公司展出的 N-094 车磨复合加工机床（图 1.11）;德国 DMG 公司的 ULTRASONIC50 超声波铣削复合机床（图 1.12）和激光铣削复合机床（图 1.13）;美国辛辛那提公司的车、铣、镗型多用途制造中心;意大利 SAFOP 的车、镗、铣、磨复合机床;瑞士 RASKIN 公司的冲孔、成形与激光切割复合机床等。

图 1.10　5 轴联动车铣复合中心

图 1.11　车磨复合加工机床

图 1.12　超声波铣削复合机床

图 1.13　激光铣削复合机床

1.3.3　关键技术分析

数控机床的高速度、高精度、高柔性和高自动化程度对机床主机、数控系统和伺服驱动系统均提出了相应要求，下面主要从数控系统与伺服驱动系统方面介绍其关键技术。

（1）高速化技术

要实现数控设备高速度化，首先要求数控系统能对由微小程序段构成的加工程序进行高速处理以计算出伺服电机的移动量，同时要求伺服电机能高速的作出反应。采用高速微处理器，是提高数控系统高速处理能力的有效手段。在数控设备高速化中，提高主轴转速占有重要地位。主轴高速化的手段是直接把电机与主轴连接成一体，即电主轴，从而可将主轴转速大大提高。在伺服系统方面，采用直线电机技术来替代目前机床传动中常用的滚珠丝杠、工作台等，在提高轮廓加工精度的同时，提高了加工速度。

（2）高精度化技术

提高数控机床的加工精度，一般通过减少数控系统的误差和采用机床误差补偿技术来实现。在减少 CNC 系统控制误差方面，通常采用提高数控系统的分辨率、提高位置检测精度、在位置伺服系统中采用前馈控制和非线性控制等方法；在机床误差补偿方面，除采用齿隙补偿、丝杠螺距误差补偿和刀具补偿等技术外，近年来对设备热变形误差补偿和空间误差综合补偿技术的研究已成为世界范围的研究课题。

（3）智能化技术

模糊数学、神经网络、数据库、知识库、以范例和模型为基础的决策系统及专家系统等理论与技术的发展，以及这些技术在制造业中的成功运用，为数控设备智能化水平的提高建立了可靠的技术基础。智能化正成为数控设备研究及发展的热点，目前采取的主要技术措施包括：

1）自适应控制技术：数控系统能检测对自己有影响的信息，并自动连续调整系统有关参数，达到改进系统运行状态的目的。如通过监控切削过程中的刀具磨损、破损、切屑形态、切削力及零件的加工质量等，向制造系统反馈信息，通过将过程控制、过程监控、过程优化结合在一起，实现自适应调节，以提高加工精度和降低工件表面粗糙度。

2）专家系统技术：将专家的经验和切削加工的一般规律与特殊规律存入计算机中，以加工工艺参数数据库为支撑，建立具有人工智能的专家系统，提供经过优化的切削参数，使加工系统始终处于最优和最经济的工作状态，从而达到提高编程效率和降低对操作人员的技术要求，大大缩短生产准备时间的目的。

3）故障自诊断技术：故障诊断专家系统是诊断装置发展的最新动向，它为数控设备提供了一个包括二次监测、故障诊断、安全保障和经济策略等方面在内的智能诊断及维护决策信息集成系统。

4）智能化交流伺服驱动技术：目前开始研究能自动识别负载，并自动调整参数的智能化伺服系统，包括智能主轴交流驱动装置和智能化进给伺服装置，使驱动系统获得最佳运行。

（4）开放式 CNC 数控系统

由于数控系统中大量采用计算机的新技术，新一代数控系统体系结构向开放式系统发展。国际上主要数控系统和数控设备生产国及其厂家瞄准通用个人计算机（PC 机）所具有的开放性、低成本、高可靠性、软硬件资源丰富等特点，自 20 世纪 80 年代末以来竞相开发基于 PC 的 CNC 系统，并开展了针对开放式 CNC 的前、后台标准的研究。如日本的 OSEC（控制器的开放系统环境)、欧盟的 OSAC(自动化系统的开放式体系结构)以及美国的 SOSAS(开放式系统体系结构标准规范)。基于 PC 的开放式 CNC 系统大致可分为四类:PC 连接型 CNC,PC 内装型 CNC,CNC 内装型 PC 和纯软件 NC。典型产品有 FANUC150/160/180/210、A2100、OAC500、Advantage CNC System 等。这些系统以通用 PC 机的体系结构为基础,构成了总线式(多总线)模块、开放型、嵌入式体系结构,其软硬件和总线规范均是对外开放的,硬件即插即用,可向系统添加各种标准软件和用户软件,为数控设备制造厂和用户进行集成给予了有力的支持,以发挥其技术特色。目前经加固的工业级 PC 已在工业控制领域得到了广泛应用。先进的 CNC 系统还为用户提供了强大的联网能力,除有 RS232C 串行口外,还带有远程缓冲功能的 DNC(直接数控)接口,甚至 MAP(Mini MAP)或 Ethermet(以太网)接口,可实现控制器与控制器之间的连接,以及直接连接主机,使 DNC 和单元控制功能得以实现,便于将不同制造厂的数控设备用标准化通信网络连接起来,促进系统集成化和信息综合化,使远程操作、遥控及故障诊断成为可能。

思考题与习题

1. 简述数控技术、数控加工、数控机床和数控编程的含义。
2. 数控机床是由哪几部分组成? 各部分的作用是什么?
3. 数控机床有哪几种分类方法? 各有什么特点?
4. 何谓点位控制、直线控制、轮廓控制? 三者有何区别?
5. 数控机床按伺服系统控制方式分为哪三类? 各用在什么场合?
6. 数控加工中心机床有何特点? 在结构上与普通机床有何不同?
7. 数控加工的特点是什么? 数控加工的主要应用范围有哪些?
8. 数控机床的发展趋势主要有哪些?
9. 如何提高数控机床的精度、速度和可靠性?

第2章
数控加工与编程基础

2.1 插补的基本知识

机床数字控制的核心问题,是如何控制刀具或工作台正确运动从而加工出合格的产品。组成零件轮廓的基本线型是直线和圆弧,一些复杂的曲线、曲面经过适当处理后,也可以用直线和圆弧去逼近、拟合。因此在数控加工时,数控系统根据加工程序中的相关数据信息(如零件上几何要素的起点坐标、终点坐标、圆心坐标、圆弧半径等),按一定的方法产生直线、圆弧等基本线型,用这些基本线型去逼近、拟合加工零件的轮廓轨迹。同时,通过系统内规定的运算,把拟合后的轮廓轨迹计算出来。并且一边计算,一边根据计算结果向有关坐标轴分配脉冲等指令信号,伺服机构则将这些指令信号进行放大后驱动执行电机,使刀具或工作台沿着有关坐标轴运动,逐步加工出既定的轮廓形状来。

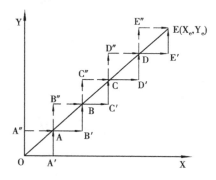

图 2.1 直线插补轨迹

例如被加工零件的廓形是直线 OE(如图 2.1 所示)。在数控机床加工该零件廓形时,刀具的移动可以是沿图中实折线运动,也可以是沿虚折线运动,还可以是其他进给路线。刀具沿什么样的折线进给,是由机床数控系统采用的插补方法所决定的。

一般情况下,数控加工时,加工程序中已给出运动轨迹的起点坐标、终点坐标和轨迹的曲线方程,由数控系统控制执行机构按预定的轨迹运动。这需要数控系统实时地计算出轮廓起点到终点之间的一系列中间点的坐标值,即需要"插入、补上"运动轨迹各个中间点的坐标,这个过程通常称为"插补"。所谓插补就是根据零件轮廓尺寸,结合精度和工艺等方面的要求,在已知的这些特征点之间插入一些中间点的过程。换句话说,就是"数据点的密化过程"。当然,中间点的插入是根据一定的算法由数控系统软件或硬件自动完成。插补结果输出运动轨迹的中间坐标值,机床伺服系统根据此坐标值控制各坐标轴协调运动,从而获得所要求的运动轨迹。

插补模块是整个数控系统中一个极其重要的功能模块之一。其算法的选择将直接影响到整个系统的精度、速度及加工能力范围等。

在早期的硬件数控系统中,插补过程是由专门的数字逻辑电路完成的,而在计算机数控系统(CNC)中,既可全部由软件实现,也可由软、硬件结合完成。通常,第一种方法速度快,但电路复杂,并且调整和修改都相当困难,缺乏柔性;而第二种方法虽然速度慢一些,但调整很方便,特别是目前计算机处理速度的不断提高,为实现高速插补创造了有利条件。

由于直线和圆弧是构成零件轮廓的基本线型,所以一般的计算机数控系统(CNC 系统)都具有直线和圆弧插补功能。而某些高档的数控系统还具有椭圆、抛物线、螺旋线等复杂线型的插补功能。

2.2　数控编程的内容与方法

2.2.1　数控编程的内容与步骤

数控机床程序编制的内容包括:分析零件图样、确定零件加工工艺过程、数值计算、编写零件加工程序单、程序输入数控系统、校对加工程序和首件试加工。

(1)分析零件图样

分析零件的材料、形状、尺寸、精度及毛坯形状和热处理要求等,以便确定该零件是否适合在数控机床上加工,或适合在哪种类型的数控机床上加工。只有那些属于批量小、形状复杂、精度要求高及生产周期要求短的零件,才最适合数控加工。同时要明确加工内容和要求。

(2)确定加工工艺过程

在对零件图样作了全面分析的前提下,确定零件的加工方法(如采用的工夹具、装夹定位方法等)、加工路线(如对刀点、换刀点、进给路线)及切削用量等工艺参数(如进给速度、主轴转速、切削宽度和切削深度等)。制订数控加工工艺时,除考虑数控机床使用的合理性及经济性外,还须考虑所用夹具应便于安装,便于协调工件和机床坐标系的尺寸关系,对刀点应选在容易找正、并在加工过程中便于检查的位置,进给路线尽量短,并使数值计算容易,加工安全可靠等因素。这部分内容详见第 3 章。

(3)数值计算

根据零件图及确定的加工路线和切削用量,计算出数控机床所需的输入数据。数值计算主要包括计算工件轮廓的基点和节点坐标等。这部分内容详见第 3 章。

(4)编写零件的加工程序单

根据加工路线,计算出刀具运动轨迹坐标值和已确定的切削用量以及辅助动作,依据数控装置规定使用的指令代码及程序段格式,逐段编写零件加工程序单。编程人员必须对所用的数控机床的性能、编程指令和代码都非常熟悉,才能正确编写出加工程序。

(5)程序输入数控系统

程序单编好之后,需要通过一定的方法将其输入给数控系统。常用的输入方法有:

1)手动数据输入

按所编程序单的内容,通过操作数控系统键盘上各数字、字母、符号键进行输入,同时利用

CRT 显示内容进行检查。即将程序单的内容直接通过数控系统的键盘手动键入数控系统。

2）用控制介质输入

控制介质多采用穿孔纸带、磁带、磁盘等。穿孔纸带上的程序代码通过光电阅读机输入给数控系统，控制数控机床工作。而磁带、磁盘上的程序代码是通过磁带收录机、磁盘驱动器等装置输入数控系统的。

3）通过机床的通信接口输入

将数控加工程序，通过与机床控制的通讯接口连接的电缆直接快速输入到机床的数控装置中。

（6）校对加工程序

通常数控加工程序输入完成后，需要校对其是否有错误。一般是将加工程序上的加工信息输入给数控系统进行空运转检验，也可在数控机床上用笔代替刀具，以坐标纸代替工件进行画图模拟加工，以检验机床动作和运动轨迹的正确性。

（7）首件试加工

校对后的加工程序还不能确定出因编程计算不准确或刀具调整不当造成加工误差的大小，因而还必须经过首件试切的方法进行实际检查，进一步考察程序单的正确性并检查零件是否达到加工精度。根据试切情况反过来进行程序单的修改以及采取尺寸补偿措施等，直到加工出满足要求的零件为止。

2.2.2　数控编程的方法

程序编制方法有手工编程与计算机辅助自动编程两种。

（1）手工编程

从零件图样分析、工艺处理、数值计算、编写程序单、制作控制介质直至程序校验等各步骤均由人工完成，称为"手工编程"。手工编程适用于点位加工或几何形状不太复杂的零件加工，或程序编制坐标计算较为简单、程序段不多、程序编制易于实现的场合。这时，手工编程（有时手工编程也可用计算机进行数值计算）显得经济而且及时。对于几何形状复杂，尤其是由空间曲面组成的零件，编程时数值计算烦琐，所需时间长，且易出错，程序校验困难，用手工编程难以完成。据有关统计表明，对于这样的零件，编程时间与机床加工时间之比平均约为30：1。因此为了缩短生产周期，提高数控机床的利用率，有效地解决各种复杂零件的加工问题，必须采用自动编程。

（2）自动编程

自动编程也称为计算机（或编程机）辅助编程。即程序编制工作的大部分或全部由计算机完成。如完成坐标值计算、编写零件加工程序单等，有时甚至能帮助进行工艺处理。自动编程编出的程序还可通过计算机或自动绘图仪进行刀具运动轨迹的图形检查，编程人员可以及时发现程序是否正确，并及时修改。自动编程大大减轻了编程人员的劳动强度，提高效率几十倍乃至上百倍，同时解决了手工编程无法解决的许多复杂零件的编程难题。工作表面形状愈复杂，工艺过程愈烦琐，自动编程的优势愈明显。

自动编程的类型主要有以下几种：

1）数控语言编程

数控语言编程要有数控语言和编译程序。编程人员需要根据零件图样要求用一种直观易懂的编程语言(数控语言)编写零件的源程序(源程序描述零件形状、尺寸、几何元素之间相互关系及进给路线、工艺参数等),相应的编译程序对源程序自动的进行编译、计算、处理,最后得出加工程序。数控语言编程中使用最多的是 APT 数控编程语言系统。

2)图形交互式编程

图形交互式编程是以计算机绘图为基础的自动编程方法,需要 CAD/CAM 自动编程软件支持。这种编程方法的特点是以工件图形为输入方式,并采用人机对话方式,而不需要使用数控语言编制源程序。从加工零件的图形再现、进给轨迹的生成、加工过程的动态模拟,直到生成数控加工程序,都是通过屏幕菜单驱动。具有形象直观、高效及容易掌握等优点。

近年来,国内外在微机或工作站上开发的 CAD/AM 软件发展很快,得到广泛应用。如美国 CNC 软件公司的 MasterCAM、美国 UGS(Unigraphics Solutious)公司的 UG(Unigraphics)、我国北航海尔的制造工程师(CAXA—ME)等软件,都是性能较完善的三维 CAD 造型和数控编程一体化的软件,且具有智能型后置处理环境,可以面向众多的数控机床和大多数数控系统。

3)语音式自动编程

语音式自动编程是利用人的声音作为输入信息,并与计算机和显示器直接对话,令计算机编出数控加工程序的一种方法。语音编程系统编程时,编程员只需对着话筒讲出所需指令即可。编程前应使系统“熟悉”编程员的“声音”,即首次使用该系统时,编程员必须对着话筒讲该系统约定的各种词汇和数字,让系统记录下来并转换成计算机可以接受的数字命令。

4)实物模型式自动编程

实物模型式自动编程适用于有模型或实物,而无尺寸的零件加工的程序编制。因此,这种编程方式应具有一台坐标测量机,用于模型或实物的尺寸测量,再由计算机将所测数据进行处理,最后控制输出设备,输出零件加工程序单。这种方法也称为数字化技术自动编程。

2.3　常用的数控标准

为了设计、制造、维修和使用数控机床的方便,必须制订相应的数控机床编程和使用的标准。目前有两种主要的国际通用标准,即国际标准化组织标准 ISO 和美国电子工业协会标准 EIA。我国以等效采用和参照采用 ISO 标准的方式制订了我国的数控标准。数控标准涉及的内容很多,以下仅就和编程有关的内容作介绍。

2.3.1　数控加工程序的格式

国家标准 GB 8870—88 对零件数控加工程序的结构和格式作出了规定。

(1)程序结构

一个完整的加工程序由程序号、程序段和程序结束符号组成。

在加工程序的开头要有程序号,以便进行程序检索。程序号就是给零件数控加工程序一个编号,并说明该零件加工程序开始。程序段则表示加工程序的全部内容。程序结束可用指令 M02 或 M30 作为整个程序结束的符号来结束程序,程序结束符号应位于最后一个程序段。

下面是一个钻孔加工程序的实例。工件如图 2.2 所示,4 个 φ8 mm 孔用 φ8 mm 钻头一次钻通。其钻孔程序如下:

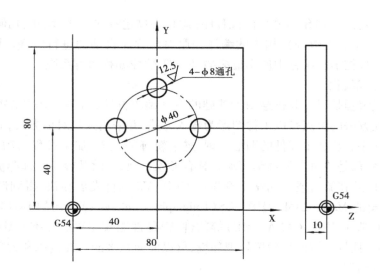

图 2.2　钻孔编程示例

O0001

N10　T01　M06；

N20　S1000　　M03；

N30　G54　G90　G00　Z10；

N40　G81　G99　X20　Y40　Z－12　R2　F80；

N50　X40　Y60；

N60　X60　Y40；

N70　X40　Y20；

N80　G80　G00　Z50　M05；

N90　M02；

该程序由 9 个程序段组成,其中:O0001 为程序号,N10 – N90 为程序段号,M02 为程序结束指令。每个程序段完成一种动作,例如 N10 的内容是换 1 号刀。N20 的内容是主轴顺时针旋转,转速度为 1 000 r/min。N40 的内容是用 G81 钻孔循环钻孔:刀具快速点定位至 X20,Y40 处;快速下刀至距工件上表面 2 mm 处;工进钻孔到 Z – 12 mm 处;快退至钻头尖端距工件上表面 2 mm 处;进给速度为 80 mm/min。

（2）**程序格式**

1）程序段的构成要素

数控加工程序由若干个程序段组成。每个程序段包含若干个指令字(简称字),每个字由若干个字符组成。

①字符:程序中的每一个字母、数字或其他符号均称为字符。

②字:能表示某一功能的、按一定顺序和规定排列的字符集合称为字。数控装置对输入程序的信息处理,以字为单位来进行。例如 G01 是一个字,由字母 G 及数字 0、1 组成,字 G01 定义为直线插补。X – 42.3 也是一个字,它表示刀具位移至 X 轴负方向 42.3 mm 处。

③程序段:一个程序段表示数控机床的一种操作,对应于零件的某道工序加工。程序段由若干个代码字组成。下面是某格式的一个程序段:

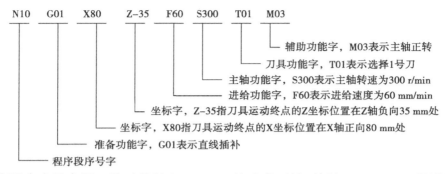

该程序段命令机床用 1 号刀具以 300 r/min 的速度正转,并以 60 mm/min 的进给速度直线插补运动至 X80 mm 和 Z－35 mm 处。

2)程序段格式

程序段格式是指一个程序段中各自的特定排列顺序及表达形式。不同的数控系统,程序段格式不一定相同。格式不合规定,数控装置会发出出错报警。

程序段格式主要有固定顺序程序段格式,带分隔符的程序段格式以及字地址可变程序段格式三种。固定顺序程序段格式现在已很少采用。

带分隔符的程序段格式采用分隔符号将各字分开,每个字的顺序所代表的功能固定不变,这种程序段格式不直观易出错,常用于功能不多、相对固定的数控装置中。如我国数控线切割机床的数控装置多采用 3B 或 4B 带分隔符的程序段格式,B 为分隔符号,其一般格式为:BXBYBJGZ。

目前国内外应用最广泛的是字地址可变程序段格式,前面所举例子就是使用这种程序段格式。字地址可变程序段格式具有如下特点:

①在程序段中,每个字都是由英文字母开头,后面紧跟数字。字母代表字的地址,故称为字地址格式。

②在一个程序段中各字的排列顺序并不严格,但习惯上仍按一定顺序排列,以便于阅读和检查。

③尺寸数字可只写有效数字,不必写满规定位数。

④不需要的字及与上一程序段相同的模态字可以不写。模态字也称续效字,指某些经指定的 G 功能和 M,S,T,F 功能,它一经被运用,就一直有效,直到出现同组的其他模态字时才被取代。

采用这种程序段格式,即使对同一程序段,写出的字符数也可以不等,因此称为可变程序段格式。优点是程序简短、直观、不易出错。

字地址格式程序段输入计算机时,每一地址码决定其后数据所进入的存储器地址单元,下一个地址字的出现,说明前一地址字的结束。

3)主程序与子程序

在一个加工程序中,如果有几个一连串的程序段完全相同,为缩短程序,可将这些重复的程序段串单独抽出,编成一个程序供调用,这个程序称为子程序。子程序可以被主程序调用,同时子程序也可调用另外子程序。

主程序调用子程序可用 M98 指令,从子程序返回主程序可用 M99 指令。

调用子程序的格式为:M98　P_L_

式中:P 值为被调用的子程序号,L 值为反复调用子程序的次数。

调用子程序编程举例如下:

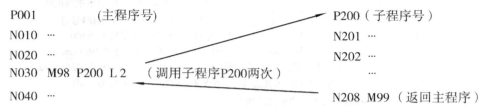

P001　　　　　(主程序号)	P200（子程序号）
N010 …	N201 …
N020 …	N202 …
N030　M98　P200　L 2　（调用子程序P200两次）	…
N040 …	N208　M99　（返回主程序）

上例中,在执行了 M99 返回指令后,主程序继续执行下一个程序段(N040 段)的内容。如果返回指令用 M99 P_,例如 M99 P070,则在调用了子程序后,将返回到主程序段号为 N070 的程序段去执行。

2.3.2　数控编程的代码

一个程序段由多个字组成,这些字可分为顺序号字、准备功能字、尺寸字、进给功能字、主轴功能字、刀具功能字、辅助功能字和程序段结束字等。每个字都由称为地址码的英文字母开头,ISO 标准规定的各地址码含义见表 2.1。程序段中各类字的意义如下:

表 2.1　地址字符表

字符	意　　义	字符	意　　义
A	关于 X 轴的角度尺寸	O	不用,有的定为程序编号
B	关于 Y 轴的角度尺寸	P	平行于 X 轴的第三尺寸,也有定为固定循环的参数或程序编号
C	关于 Z 轴的角度尺寸	Q	平行于 Y 轴的第三尺寸,也有定为固定循环的参数
D	特殊坐标的角度尺寸	R	平行于 Z 轴的第三尺寸,也有定为固定循环的参数或圆弧的半径等
E	特殊坐标的角度尺寸		
F	第一进给功能(进给速度或进给量)	S	主轴速度功能
G	准备功能	T	第一刀具功能
H	暂不指定,有的为补偿值地址	U	平行于 X 轴的第二尺寸
I	不指定,有的为圆弧中心坐标(X 向)	V	平行于 Y 轴的第二尺寸
J	不指定,有的为圆弧中心坐标(Y 向)	W	平行于 Z 轴的第二尺寸
K	不指定,有的为圆弧中心坐标(Z 向)	X	X 坐标轴基本尺寸
L	不指定,有的定为固定循环返回次数,也有的定为子程序返回次数	Y	Y 坐标轴基本尺寸
		Z	Z 坐标轴基本尺寸
M	辅助功能		
N	顺序号		

（1）程序段顺序号字

由地址码 N 及后续 2~4 位数字组成,用于对各程序段编号。编号的顺序也就是各程序段的执行顺序。

（2）准备功能字

准备功能字由地址码 G 及其后续 2 位数字组成，从 G00～G99 共 100 种。G 功能的主要作用是指定数控机床的运动方式，为数控系统的插补运算等做好准备。所以它一般都位于程序段中尺寸字的前面而紧跟在程序段序号字之后。表 2.2 是 ISO 标准及我国 JB 3208—83 标准规定的 G 代码功能表，其中一部分代码未规定其含义，等待将来修订标准时再指定。另一部分"永不指定"的代码，即便将来修订标准时也不再指定其含义，而由机床设计者自行规定其含义。G 代码有两种：一种是模态代码，它一经被运用，就一直有效，直到出现同组的其他 G 代码时才被取代；另一种是非模态代码，它只在出现的程序段中有效。表中凡小写字母相同的代码为同组的模态 G 代码，不同组的 G 代码，在同一程序段中可以指定多个。G 代码功能的具体应用将在后面重点介绍。

表 2.2　准备功能 G 代码

代码	功　能	模态指令类型	功能在出现段有效	代码	功　能	模态指令类型	功能在出现段有效
G00	点定位	a		G41	刀具补偿—左	d	
G01	直线插补	a		G42	刀具补偿—右	d	
G02	顺时针方向圆弧插补	a		G43	刀具偏置—正	#(d)	#
G03	逆时针方向圆弧插补	a		G44	刀具偏置—负	#(d)	#
G04	暂停		*	G45	刀具偏置＋／＋	#(d)	#
G05	不指定	#	#	G46	刀具偏值＋／－	#(d)	#
G06	抛物线插补	a		G47	刀具偏值－／－	#(d)	#
G07	不指定	#	#	G48	刀具偏值－／＋	#(d)	#
G08	自动加速		*	G49	刀具偏值0／＋	#(d)	#
G09	自动减速		*	G50	刀具偏值0／－	#(d)	#
G10～16	不指定	#	#	G51	刀具偏值＋／0	#(d)	#
G17	XY 面选择	c		G52	刀具偏值－／0	#(d)	#
G18	ZX 面选择	c		G53	取消直线偏移功能	f	
G19	YZ 面选择	c		G54	沿 X 轴直线偏移	f	
G20～32	不指定	#	#	G55	沿 Y 轴直线偏移	f	
G33	切削等螺距螺纹	a		G56	沿 Z 轴直线偏移	f	
G34	切削增螺距螺纹	a		G57	XY 平面直线偏移	f	
G35	切削减螺距螺纹	a		G58	XZ 平面直线偏移	f	
G36～39	永不指定	#	#	G59	YZ 平面直线偏移	f	
G40	刀具补偿/偏置取消	d		G60	准确定位 1（精）	h	

续表

代码	功　能	模态 指令 类型	功能 在出 现段 有效	代码	功　能	模态 指令 类型	功能 在出 现段 有效
G61	准确定位2(中)	h		G86	镗孔循环2	e	
G62	快速定位(粗)	h		G87	镗孔循环3	e	
G63	攻螺纹		*	G88	镗孔循环4	e	
G64～G67	不指定	#	#	G89	镗孔循环5	e	
G68	内角刀具偏值	#(d)	#	G90	绝对值输入方式	j	
G69	外角刀具偏值	#(d)	#	G91	增量值输入方式	j	
G70～G79	不指定	#	#	G92	预值寄存		*
G80	取消固定循环	e		G93	时间倒数进给率	k	
G81	钻孔循环	e		G94	每分钟进给	k	
G82	钻或扩孔循环	e		G95	主轴每转进给	k	
G83	钻深孔循环	e		G96	主轴恒线速度	i	
G84	攻螺纹循环	e		G97	主轴每分钟转数	i	
G85	镗孔循环1	e		G98～99	不指定	#	#

注:1. ＊号表示功能仅在所出现的程序段内有用;

2.#号表示如选作特殊用途,必须在程序格式说明中说明。

(3)尺寸字

尺寸字也称坐标字,用于给定各坐标轴位移的方向和数值。它由各坐标轴地址码及正、负号和其后的数值组成。尺寸字安排在 G 功能字之后。尺寸字的地址对直线进给运动为:X,Y,Z,U,V,W,P,Q,R;对于绕轴回转运动为:A,B,C,D,E。此外还有插补参数字(地址码):I,J和 K 等。尺寸字的单位对直线位移多为毫米,也有用脉冲当量的。回转运动则用弧度或"转"。具体视选用的数控系统而定。

(4)进给功能字

进给功能也称 F 功能,由地址码 F 及其后续的数值组成,用于指定刀具的进给速度。进给功能字应写在相应轴尺寸字之后,对于几个轴合成运动的进给功能字,应写在最后一个尺寸字之后。

进给速度的指定方法有直接法和代码法两种。

直接指定法是用 F 后面的数值直接指定进给速度,一般单位为 mm/min,切削螺纹时用mm/r,在英制单位中用英寸表示。例如 F500 表示进给速度为 500 mm/min。目前的数控系统大多数采用直接指定法。

用代码法指定进给速度时,F 后面的数值表示进给速度代码,代码按一定规律与进给速度对应。常用的有 1,2,3,4,5 位代码法及进给速率数(FRN)法等。例如 2 位代码法,即规定0～99 相对应的 100 种进给速度,编程时只指定代码值,通过查表或计算可得出实际进给速度值。

（5）主轴转速功能字

也称 S 功能,由地址码 S 及后续的若干位数字组成,用于指定机床主轴转速。单位为 r/min。具体也有直接指定法和代码法两种。

例如用直接指定法时,S1500 表示主轴转速为 1 500 r/min。用一位代码法(经济型数控机床常用)时,S3 表示机床第 3 级转速,具体转速值在机床说明书中规定。

（6）刀具功能字

刀具功能也称 T 功能,由地址码 T 及后续的若干位数字组成,用于更换刀具时指定刀具或显示待换刀号,如 T02 表示 2 号刀。有的也能指定刀具位置补偿,例如 T0203,02 为刀具号(选择 2 号刀具),03 为刀具补偿值组号(调用第 3 号刀具补偿值)。刀具补偿用于对换刀、刀具磨损、编程等产生的误差进行补偿。

（7）辅助功能字

辅助功能也称 M 功能,由地址码 M 及后续两位数字组成,从 M00 ~ M99 共 100 种。它是控制机床各种开—关功能的指令。表 2.3 是 ISO 标准及我国 JB 3028—83 标准规定的 M 代码定义。

常用 M 代码的用法详见后述。

（8）第二辅助功能字

第二辅助功能又称 B 功能,它是用来指令工作台进行分度的。B 功能是用地址字 B 及其后面的二位或三位数字来表示,如:B60、B180、B270 等。

2.3.3   程序编制中的坐标系

（1）机床坐标系

为了保证数控机床的运动、操作及程序编制的一致性,数控标准统一规定了机床坐标系和运动方向,编程时采用统一的标准坐标系。

1）坐标系建立的基本原则

①坐标系采用笛卡儿直角坐标系,右手法则。如图 2.3 所示,基本坐标轴为 X,Y,Z 直角坐标,相应于各坐标轴的旋转坐标分别记为 A,B,C。

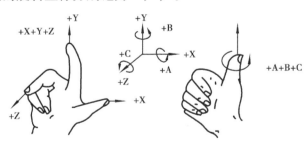

图 2.3   右手直角坐标系统

②采用假设工件固定不动,刀具相对工件移动的原则。由于机床的结构不同,有的是刀具运动,工件固定不动;有的是工件运动,刀具固定不动。为编程方便,一律规定工件固定,刀具运动。

③采用使刀具与工件之间距离增大的方向为该坐标轴的正方向,反之则为负方向。即取刀具远离工件的方向为正方向。旋转坐标轴 A,B,C 的正方向确定如图 2.3 所示,按右手螺旋

法则确定。

表 2.3　辅助功能 M 代码

代码 (1)	功能开始时间		功能保持到被注销或被适当程序指令代替 (4)	功能仅在所出现的程序段内有用 (5)	功能 (6)	代码 (1)	功能开始时间		功能保持到被注销或被适当程序指令代替 (4)	功能仅在所出现的程序段内有用 (5)	功能 (6)
	与程序段指令运动同时开始 (2)	在程序段指令运动完成后开始 (3)					与程序段指令运动同时开始 (2)	在程序段指令运动完成后开始 (3)			
M00		*		*	程序停止	M36	*		#		进给范围 1
M01		*		*	计划停止	M37	*		#		进给范围 2
M02		*		*	程序结束	M38	*		#		主轴速度范围 1
M03	*		*		主轴正向运转	M39	*		#		主轴速度范围 2
M04	*		*		主轴逆向运转	M40-M45	#	#	#	#	如有需要作为齿轮的换挡;此外不指定
M05		*	*		主轴停止						
M06	#	#		*	换刀	M46-M47	#	#		#	不指定
M07	*		*		2 号冷却液开	M48		*	*		注销 M49
M08	*		*		1 号冷却液开	M49	*		#		进给率修正旁路
M09		*	*		冷却液关	M50	*		#		3 号冷却液开
M10	#	#	*		夹紧	M51	*		#		4 号冷却液开
M11	#	#	*		松开	M52-M54	#	#	#	#	不指定
M12	#	#	#	#	不指定	M55	*		#		刀具直线位移,位置 1
M13	*		*		主轴正向运转及切削液开	M56	*		#		刀具直线位移,位置 2
						M57-M59	#	#	#	#	不指定
M14	*		*		主轴逆向运转及切削液开	M60		*		*	更换工件
M15	*			*	正运动	M61	*		*		工件直线位移,位置 1
M16	*			*	负运动	M62	*		*		工件直线位移,位置 2
M17-M18	#	#	#	#	不指定	M63-M70	#	#	#	#	不指定
M19		*	*		主轴定向停止	M71	*		*		工件角度位移,位置 1
M20-M29	#	#	#	#	永不指定	M72	*		*		工件角度位移,位置 2
M30		*		*	纸带结束	M73-M89	#	#	#	#	不指定
M31	#	#		*	互锁旁路	M90-M99	#	#	#	#	不指定
M32-M35	#	#	#	#	不指定						

注:1. #号表示:如选作特殊用途,必须在程序说明中说明;

2. *号表示:属本栏所指;

3. M90～M99 可指定为特殊用途。

2)各坐标轴的确定

确定机床坐标轴时,一般先确定 Z 轴,然后确定 X 轴和 Y 轴。

Z 轴:一般将传递切削力的主轴定为 Z 坐标轴,如果机床有一系列主轴,则选尽可能垂直于工件装夹面的主要轴为 Z 轴。Z 轴的正方向为从工件到刀具夹持的方向。

X 轴:为水平的、平行于工件装夹平面的轴。对于刀具旋转的机床,若 Z 轴为水平时,由刀具主轴的后端向工件看,X 轴正方向指向右方;若 Z 轴为垂直时,由主轴向立柱看,X 轴正方向指向右方。对无主轴的机床(如刨床),X 轴正方向平行于切削方向。

Y 轴:垂直于 X 及 Z 轴,按右手法则确定其正方向。

图 2.4 所示为几种典型机床的坐标系。

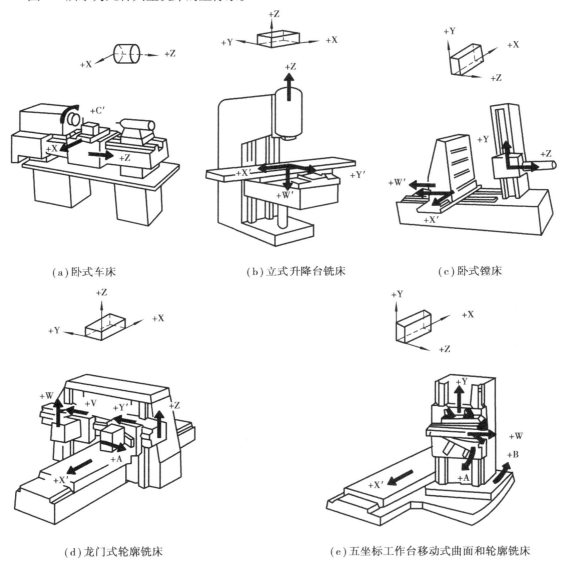

(a)卧式车床　　　　　(b)立式升降台铣床　　　　　(c)卧式镗床

(d)龙门式轮廓铣床　　　　　(e)五坐标工作台移动式曲面和轮廓铣床

图 2.4　几种典型机床的坐标系

3)机床坐标系的原点

机床坐标系的原点也称机械原点、参考点或零点,这个原点是机床上固有的点,机床一经设计和制造出来,机械原点就已经被确定下来。机床启动时,通常要进行机动或手动回零,就是回到机械原点。数控机床的机械原点一般在直线坐标或旋转坐标回到正向的极限位置。

(2)工件坐标系(亦称编程坐标系)

工件坐标系是由编程人员在编制程序时用来确定刀具和程序的起点,工件坐标系的原点可由编程人员根据具体情况确定,但坐标轴的方向应与机床坐标系一致,并且与之有确定的尺寸关系。机床坐标系与工件坐标系的关系如图2.5所示。不同的工件建立的坐标系也可有所不同,有的数控系统允许一个工件可建立多个工件坐标系,或者在一个工件坐标系下再建立一个坐标系称之为局部坐标系。局部坐标系原点的坐标值应是相对工件坐标系,而不是相对于机床坐标系。通过建立多个坐标系或局部坐标系可大大简化零件的编程工作。

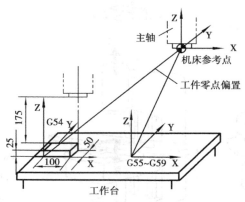

图2.5 工件坐标系与机床坐标系的位置关系

2.4 常用数控指令及用法

2.4.1 常用准备功能指令及用法

G代码是与插补有关的准备功能指令,在数控编程中极其重要。目前,不同数控系统的G代码并非完全一致,因此编程人员必须熟悉所用机床及数控系统的规定。以下介绍常用的G代码指令及其编程方法。

(1)工件坐标系设定指令

1)G92:编程原点设定

程序编制时,使用的是工件坐标系,当用绝对值编程时,必须先将刀具的起刀点坐标及工件坐标系的绝对坐标原点(也称编程原点)告诉数控系统。G92指令用于实现此功能。

格式:G92 X_ Y_ Z_

式中:X,Y,Z为当前刀位点在工件坐标系中的绝对坐标,由此也就确定了工件的绝对坐标原点位置。G92指令只是设定工件原点,并不产生运动,且坐标不能用增量U,V,W表示。G92为模态指令,只有在重新设定(一个程序中允许多次设定)时,先前的设定才无效。

例如图2.6中,加工开始前,刀具初始位置(起刀点)如图所示,则坐标系设定指令为:

G92 X20 Y10 Z10

2)G54,G55,G56,G57,G58,G59:编程原点偏置

在某些零件的编程过程中,为了避免尺寸换算,需多次把工件坐标系平移。将工件坐标(编程

坐标)原点平移至工件基准处,称为编程原点的偏置。

一般数控机床可以预先设定 6 个(G54~G59)工件坐标系,这些坐标系的坐标原点在机床坐标系中的值可用手动数据输入方式输入,存储在机床存储器内,在机床重开机时仍然存在,在程序中可以分别选取其中之一使用。如图 2.7 所示。

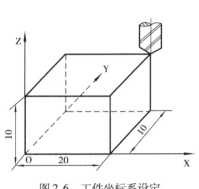

图 2.6　工件坐标系设定

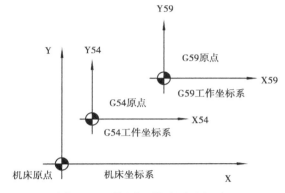

图 2.7　工件坐标系与机床坐标系

一旦指定了 G54~G59 之一,则该工件坐标系原点即为当前程序原点,后续程序段中的工件绝对坐标均为相对此程序原点的值,例如以下程序:

N01 G54 G00 G90 X30 Y40;

N02 G59;

N03 G00 X30 Y30;

…

执行 N01 句时,系统会选定 G54 坐标系作为当前工件坐标系,然后再执行 G00 移动到该坐标系中的 A 点(见图 2.8),执行 N02 句时,系统又会选择 G59 坐标系作为当前工件坐标系,执行 N03 句时,机床就会移动到刚指定的 G59 坐标系中的 B 点(见图 2.8)。

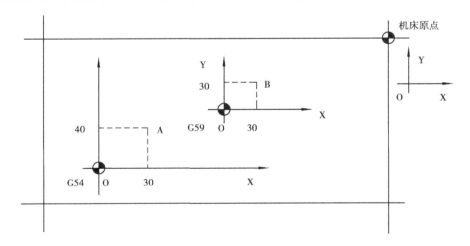

图 2.8　工件坐标系的使用

请注意比较 G92 与 G54~G59 指令之间的差别和不同的使用方法。G92 指令需后续坐标值指定当前工件坐标系,因此须单独一个程序段指定,该程序段中尽管有位置指令值,但并不产生运动。

另外,在使用 G92 指令前,必须保证机床处于加工起始点,该点称为对刀点。

使用 G54 ~ G59 建立工件坐标系时,该指令可单独指定(见上面程序 N02 句),也可与其他程序同段指定(见上面程序 N01 句),如果该段程序中有位置指令就会产生运动。使用该指令前,先用 MDI 方式输入该坐标系的坐标原点,在程序中使用对应的 G54 ~ G59 之一,就可建立该坐标系,并可使用定位指令自动定位到加工起始点。

图 2.9 描述了一次装夹加工三个相同零件的多程序原点与机床参考点之间的关系及偏移计算方法。

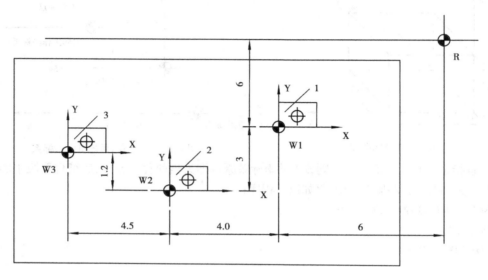

图 2.9　机床参考点向多程序原点的偏移

采用 G92 实现编程原点设置的有关程序为:

N01 G90;　　　　　　　　　绝对坐标编程,刀具位于机床参考点 R 点
N02 G92 X6.0 Y6.0 Z0;　　　将程序原点定义在第一个零件上的工件原点 W1
　　…　　　　　　　　　　　加工第一个零件
N08 G00 X0 Y0;　　　　　　　快速回程序原点
N09 G92 X4.0 Y3.0;　　　　　将程序原点定义在第二个零件上的工件原点 W2
　　…　　　　　　　　　　　加工第二个零件
N13 G00 X0 Y0;　　　　　　　快速回程序原点
N14 G92 X4.5 Y – 1.2;　　　　将程序原点定义在第三个零件上的工件原点 W3
　　…　　　　　　　　　　　加工第三个零件

采用 G54 ~ G59 实现编程原点偏移时,首先设置 G54 ~ G56 原点偏置寄存器的值:

　　　对于零件 1:G54 X – 6.0 Y – 6.0 　Z0
　　　对于零件 2:G55 X – 10.0 Y – 9.0 　Z0
　　　对于零件 3:G56 X – 14.5 Y – 7.8 　Z0

加工程序为:

　　　N01 G90 G54;
　　　…　加工第一个零件

N07 G55；

…　加工第二个零件

N10 G56；

…　加工第三个零件

显然，对于多程序原点偏移，采用 G54～G59 原点偏置寄存器存储所有程序原点与机床参考点的偏移量，然后在程序中直接调用 G54～G59 进行原点偏移是很方便的。

采用程序原点偏移的方法还可实现零件的空运行试切加工，具体应用时，将程序原点向刀轴（Z 轴）方向偏移，使刀具在加工过程中抬起一个安全高度即可。

对于编程员而言，一般只要知道工件上的程序原点就够了，因为编程与机床原点、机床参考点及装夹原点无关，也与所选用的数控机床型号无关（注意与数控机床的类型有关）。但对于机床操作者来说，必须十分清楚所选用的数控机床的上述各原点及其之间的偏移关系，不同的数控系统，程序原点设置和偏移的方法不完全相同，必须参考机床用户手册和编程手册。

3）G90,G91：绝对坐标编程与增量坐标编程

G90：绝对坐标编程指令。刀具运动过程中所有的位置坐标均以固定的坐标原点为基准来给出。如图 2.10（a）中，A 点坐标为 $X_A = 20, Y_A = 32$。B 点坐标为 $X_B = 60, Y_B = 77$。

G91：增量坐标编程指令，又叫相对坐标编程指令。刀具运动的位置坐标是以刀具前一点的位置坐标与当前位置坐标之间的增量给出的，终点相对于起点的方向与坐标轴相同取正、相反取负。如图 2.10（b）中，加工路线为 AB，则 B 点相对于 A 点的增量坐标为 $U_B = 40, V_B = 45$。

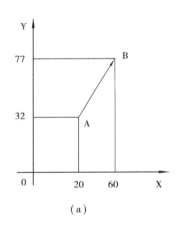
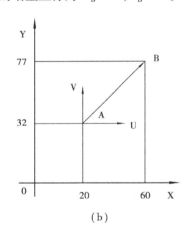

(a)　　　　　　　　　　　　　(b)

图 2.10　绝对坐标与增量坐标

（2）加工方式设置指令

1）G00：快速点定位

命令刀具以点定位控制方式快速移动到指定位置，用于刀具的空行程运动。进给速度 F 对 G00 程序段无效，G00 只是快速到位，运动轨迹视系统设计而定。

指令格式：G00　X_Y_Z_

式中：X,Y,Z 分别为 G00 目标点的坐标。

例如在图 2.10（a）中，刀具从 A 快速运动到 B，编程方式为：

绝对方式：G90　G00　X60　Y77

增量方式:G91　G00　X40　Y45

2)G01:直线插补

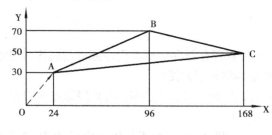

图 2.11　直线插补 G01

命令机床数个坐标间以联动方式直线插补到规定位置,这时刀具按指定的 F 进给速度沿起点到终点的连线作直线切削运动。

指令格式:G01　X_Y_Z_F_

式中:F 用于指定进给速度(mm/min),X,Y,Z 分别为 G01 的终点坐标。

如图 2.11 所示,要求刀具由 O 点快速移至 A 点,然后加工直线 AB,BC,CA,最后由 A 点快速返回起始点。其程序如下:

N001 G92 X0 Y0；

N002 S300 M03；

N003 G90 G00 X24 Y30；

N004 G01 X96 Y70 F100；

N005 　　 X168 Y50；

N006 　　 X24 Y30；

N007 G00 X0 Y0；

N008 M05 M02；

3)G02、G03:圆弧插补指令

使机床在各坐标平面内执行圆弧运动,加工出圆弧轮廓。G02 为顺时针方向圆弧插补,G03 为逆时针方向圆弧插补。

圆弧的顺、逆可按图 2.12 给出的方向进行判别:

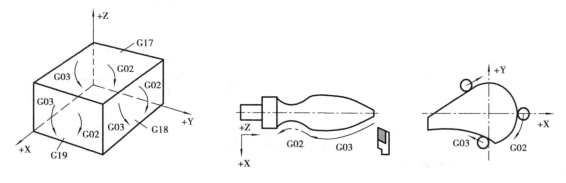

图 2.12　圆弧逆顺的区分

沿垂直于圆弧所在平面(如 XY 平面)的坐标轴向负方向(-Z)看,刀具相对于工件的转动方向是顺时针方向为 G02,逆时针方向为 G03。

圆弧插补程序段的格式主要有两种:(XY 平面为例)

①用圆弧终点坐标和圆心坐标表示。

指令格式:　　　　　　　$\begin{Bmatrix} G02 \\ G03 \end{Bmatrix}$　X_Y_I_J_F_

式中:X,Y 是圆弧终点坐标,可以用绝对值,也可以用终点相对于起点的增量值,取决于程序段中的 G90,G91 指令。I,J 是圆心坐标。一般均用圆心相对于起点的增量坐标来表示,而不受 G90 限制。对于 XZ 平面,坐标参数相应为 X,Z,I,K。YZ 平面则为 Y,Z,J,K。

②用圆弧终点坐标和圆弧半径 R 表示。

指令格式:　　　　$\begin{Bmatrix} G02 \\ G03 \end{Bmatrix}$ X_Y_R_F_

式中:R 为圆弧半径。在同一半径 R 情况下,从圆弧的起点到终点存在两个圆弧的可能(图2.13),为了区别,用 +R 表示小于或等于180°的圆弧,用 -R 表示大于180°的圆弧。

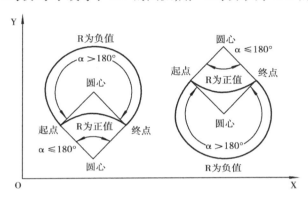

图 2.13　圆弧用 R 编程

例如,加工圆弧 AB,BC,CD(图 2.14),刀具起点在 A 点,进给速度 80 mm/min,两种格式编程为:

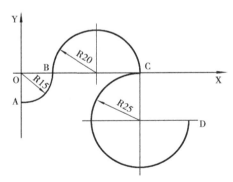

图 2.14　圆弧加工编程图例

用圆心坐标 I,J 编程:　　　　　　　用圆弧半径 R 编程:

G92 X0 Y -15;　　　　　　　　　　　G92 X0 Y -15;

G90 G03 X15 Y0 I0 J15 F80;　　　　 G90 G03 X15 Y0 R15 F80;

G02 X55 Y0 I20 J0;　　　　　　　　 G02 X55 Y0 R20;

G03 X80 Y -25 I0 J -25;　　　　　　 G03 X80 Y -25 R -25;

又如图 2.15 所示,刀具由坐标原点 O 快进至 a 点,从 a 点开始沿 a,b,c,d,e,f,a 切削,最终回到原点 O,编程如下:

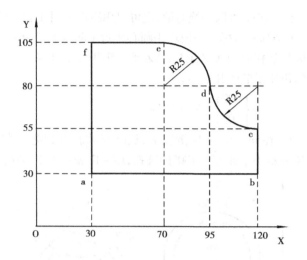

图 2.15　直线、圆弧编程图例

用绝对坐标编程如下：

N01 G90 G00 X30 Y30；

N02 G01 X120 F120；

N03 Y55；

N04 G02 X95 Y80 I0 J25 F100；

N05 G03 X70 Y105 I－25 J0；

N06 G01 X30 F120；

N07 Y30；

N08 G00　X0　Y0；

N09 M02；

用增量坐标编程如下：

N01 G91 G00 X30 Y30；

N02 G01 X90 Y0 F120；

N03 X0 Y25；

N04 G02 X－25 Y25 I0 J25 F100；

N05 G03 X－25 Y25 I－25 J0；

N06 G01 X－40 Y0 F120；

N07 X0 Y－75；

N08 G00 X－30 Y－30；

N09 M02；

在实际铣削加工中，往往要求在工件上加工出一个整圆轮廓，在编制整圆轮廓程序时需注意不用 R 编程，且圆心坐标 I,J 不能同时为零。否则，在执行此命令时，刀具将原地不动或系统发出错误信息。

下面以图 2.16 为例，说明整圆的编程方法。

用绝对值编程

　　G90 G02 X45 Y25 I－15 J0 F100；

用增量值编程

　　G91 G02 X0 Y0 I－15 J0 F100；

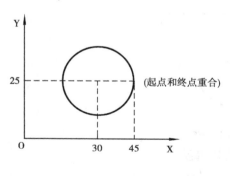

图 2.16　整圆编程

4）G04：暂停指令

使刀具作短时间的暂停（延时），用于无进给光整加工，如车槽、镗孔等场合常用该指令。

指令格式：G04　P_

式中：P 为暂停时间，单位为毫秒或秒，视数控系统而定。暂停指令在上一程序段运动结束后开始执行。G04 为非模态指令仅在本程序段有效。

例如:N055 G04 P3000(延时 3 秒)

5)G17,G18,G19:坐标平面选择指令

G17 指定在 XY 平面上加工,G18 和 G19 分别指定在 ZX 和 YZ 平面上加工。这些指令在进行圆弧插补和刀具补偿时必须使用。当机床只有一个坐标平面时(如车床),平面选择指令可省略。在 XY 平面加工,一般 G17 可省略不写。

例如:G19 G03 Y_Z_J_K_F_　　　　　(加工 YZ 平面的逆圆弧)

(3)刀具补偿指令

数控系统根据刀具补偿指令,可以进行刀具半径尺寸补偿、刀具轴向尺寸补偿和刀具位置偏移。

1)G40,G41,G42:刀具半径补偿指令

用铣刀或圆头车刀等加工零件时,刀具中心轨迹应在与零件轮廓相距刀具半径的等距线上,计算非常繁琐。采用刀具半径补偿指令,编程时只需按零件轮廓编制,数控系统能自动计算刀具中心轨迹,并使刀具按此轨迹运动,使编程简化。

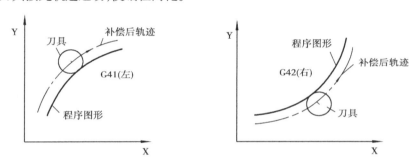

图 2.17　刀具半径补偿

如图 2.17 所示,其中 G41 表示刀具半径左补偿(左偏置),指顺着刀具前进方向观察,刀具偏在工件轮廓的左边。G42 表示刀具半径右补偿(右偏置),指顺着刀具前进方向观察,刀具偏在工件轮廓的右边。G40 表示注销刀具半径补偿,使刀具中心与程序段给定的编程坐标点重合。G41 ~ G42 需要与 G00 ~ G03 等指令共同构成程序段,并要用 G17 ~ G19 指定坐标平面。

G41,G42 与 G00,G01 构成的指令格式(XY 平面为例, Gl7 省略)如下:

$$\begin{Bmatrix} G00 \\ G01 \end{Bmatrix} \begin{Bmatrix} G41 \\ G42 \end{Bmatrix} \quad X\_ \ Y\_ \ D\_ \ F\_ \qquad (G00 \ 不能带 \ F \ 指令)$$

式中:X,Y 为刀具半径补偿起始点的坐标。D 为刀具半径补偿号代码,补偿号为 2 位数(D00 ~ D99),补偿值由拨码盘、键盘(MDI)或程序事先输入到刀补存储器中。D 代码是模态的,当刀具磨损或重磨后,刀具半径变小,只需手工输入改变刀具半径或选择适当的补偿量,而不必修改已编好的程序。

G40 指令仅能与 G00,G01 构成程序段,指令格式为:

$$\begin{Bmatrix} G00 \\ G01 \end{Bmatrix} G40 \ X\_ \ Y\_ \ F\_ \qquad (G00 \ 不能带 \ F \ 指令)$$

式中:X,Y 为取消刀具半径补偿点的坐标。

注意:使用 G41(或 G42)当刀具接近工件轮廓时,数控装置认为是从刀具中心坐标转变为刀具外圆与轮廓相切点的坐标值,而使用 G40 刀具退出时则相反。如图 2.18 所示,在刀具接

近工件和退出工件时要充分注意上述特点,防止刀具与工件干涉而过切或碰撞。

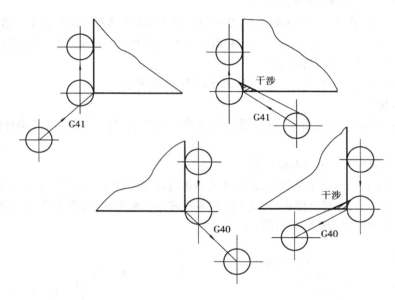

图 2.18　用 G41、G40 进刀退刀

　　图 2.19 为铣刀半径补偿编程示例,图中虚线表示刀具中心运动轨迹。设刀具半径为 10 mm,刀具半径补偿号为 D01,起刀点在原点,Z 轴方向无运动,其程序为:

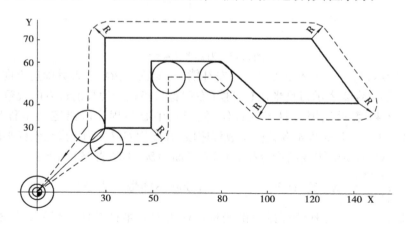

图 2.19　刀具半径补偿

　　N001 G92 X0 Y0 Z0;
　　N002 S1000　M03;
　　N003 G90 G42 G01 X30 Y30 D01 F150;
　　N004　　　　　　X50;
　　N005　　　　　　　Y60;
　　N006　　　　　　X80;
　　N007　　　　　　X100 Y40;
　　N008　　　　　　X140;

N009　　　　　　　　X120 Y70；
N010　　　　　　　　X30；
N011　　　　　　　　　　Y30；
N012 G40 G00 X0 Y0 M05 M02；

2）G43，G44：刀具长度补偿指令

刀具长度补偿也称刀具长度偏置，用于补偿编程刀具和实际使用刀具之间的长度差。该功能使补偿轴的实际终点坐标值（或位移量）等于程序给定值加上或减去补偿值。

即：实际位移量＝程序给定值±补偿值

其中，相加称为正偏置，用 G43 表示；相减称为负偏置，用 G44 表示。它们均为模态指令。注销用 G40（或 G49），也可用偏置号 H00。采用刀具长度补偿指令后，当刀具长度变化或更换刀具时，不必重新修改程序，只要改变相应补偿号中的补偿值即可。

指令格式：

G01（G00）G17　G43（G44）Z_ H_ F_

G01（G00）G18　G43（G44）Y_ H_ F_

G01（G00）G19　G43（G44）X_ H_ F_

式中：X，Y，Z 为补偿轴的编程坐标。G17，G18，G19 是与补偿轴垂直的相应坐标平面 XY，ZX，YZ 的代码。H 为刀具长度补偿号代码，可取为 H00～H99，其中 H00 为取消长度偏置。补偿值的输入方法与刀具半径补偿相同。

如图 2.20 所示，刀具对刀点在编程原点，要加工两个孔，则考虑了刀具长度补偿的加工程序如下：

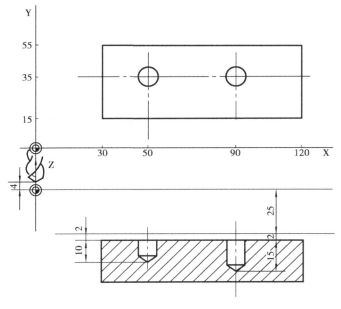

图 2.20　刀具长度补偿

N05 G92 X0 Y0 Z0；

N10 S500 M03；

N15 G91 G00 X50 Y35;

N20 G43 Z－25 H01;

N25 G01 Z－12 F100;

N30 G00 Z12;

N35　　 X40;

N40 G01 Z－17 F100;

N45 G00 G40 Z42 M05;

N50 G90 X0 Y0;

N55 M02;

若加工中刀具的实际长度比编程长度短 4 mm(见图 2.20),可在刀具长度补偿号 H01 中输入补偿值 K＝－4,则上述程序可不变。如果实际使用的刀具长度比编程时的长度长 4 mm,可在刀具长度补偿号地址 H01 中输入补偿值 K＝4,仍可用上述程序加工。

用刀具长度补偿后,在 N20 G43 Z－25 H01 这一程序段中,刀具在 Z 方向的实际位移量将不是－25,而是 Z＋K＝－25＋(－4)＝－29 或 Z＋K＝－25＋4＝－21,以达到补偿实际刀具长度长于或短于编程长度的目的。

(4)固定循环指令

固定循环指令是为简化编程将多个程序段的指令按约定的执行次序综合为一个程序段来表示。如在数控机床上进行镗孔、钻孔、攻丝、车螺纹等加工时,往往需要重复执行一系列的加工动作,且动作循环已典型化。这些典型的动作可以预先编好程序并存储在内存中,需要时可用固定循环的 G 指令进行调用,从而简化编程工作。不同数控系统所具有的固定循环指令各不相同,编程时应严格按照使用说明书的要求编写,例如 FANUC 0 系统的 G81～G89 为孔加工固定循环,G70～G76 为车削加工固定循环。这部分内容详见本书第 4 章和第 5 章。

2.4.2　常用辅助功能指令及用法

辅助功能指令主要是控制机床开/关功能的指令,如主轴的启停、冷却液的开停、运动部件的夹紧与松开等辅助动作。M 功能常因生产厂及机床的结构和规格不同而各异,这里介绍常用的 M 代码。

(1)M00:程序停止

在执行完含 M00 的程序段指令后,机床的主轴、进给、冷却液都自动停止。这时可执行某一固定手动操作,如工件调头、手动换刀或变速等。固定操作完成后,须重新按下启动键,才能继续执行后续的程序段。

(2)M01:计划(任选)停止

该指令与 M00 类似,所不同的是操作者必须预先按下面板上的"任选停止"按钮,M01 指令才起作用,否则系统对 M01 指令不予理会。该指令在关键尺寸的抽样检查或需临时停车时使用较方便。

(3)M02:程序结束

该指令编在最后一条程序段中,用以表示加工结束。它使机床主轴、进给、冷却都停止,并使数控系统处于复位状态。此时,光标停在程序结束处。

（4）M03、M04、M05：**主轴旋转方向指令**

分别命令主轴正转（M03）、反转（M04）和停止运转（M05）。

（5）M06：**换刀指令**

该指令用于数控机床的自动换刀。对于具有刀库的数控机床（如加工中心），自动换刀过程分为换刀和选刀两类动作。把刀具从主轴上取下，换上所需刀具称为换刀；选刀是选取刀库中的刀具，以便为换刀作准备。换刀用 M06，选刀用 T 功能指定。例如：N035　M06　Tl3，表示换上第 13 号刀具。

对于手动换刀的数控机床，M06 可用于显示待换的刀号。在程序中应安排"计划停止"指令，待手动换刀结束后，再手动启动机床动作。

（6）M07：**2 号冷却液开，用于雾状冷却液开**

（7）M08：**1 号冷却液开，用于液状冷却液开**

（8）M09：**冷却液关**

（9）M10、M11：**运动部件的夹紧、松开**

用于工作台、工件、夹具、主轴等的夹紧或松开。

（10）M19：**主轴定向停止**

使主轴准停在预定的角度位置上。用于镗孔时，镗刀穿过小孔镗大孔、反镗孔和精镗孔退刀时使镗刀不划伤已加工表面。某些数控机床自动换刀时，也需要主轴定向停止。

（11）M30：**程序结束**

该指令与 M02 类似，但 M30 可使程序返回到开始状态，使光标自动返回到程序开头处，一按启动键就可以再一次运行程序。

思考题与习题

1. 简述数控编程的内容和步骤。

2. 什么是右手直角坐标系？X 轴、Z 轴在数控机床上是怎样确定的？

3. 机床坐标系和工件坐标系有何不同？

4. 什么是机床原点、编程原点、工件原点、机床参考点？

5. 刀具长度和半径补偿的作用是什么？

6. G92 与 G54 的区别是什么？

7. 试述 G00，G01，G02，G03 的使用特点。

8. 整圆编程为什么不能用 R？

9. 试述 M00，M01，M02，M30 的使用特点。

10. 如图 2.21 所示，起刀点在原点，按 O—A—B—C—D—E 顺序运动，写出 A，B，C，D，E 各点的绝对、增量坐标值。

11. 如图 2.22 所示，铣刀半径 R 为 10 mm，刀具号为 T01，刀具半径补偿号为 D01，图中虚

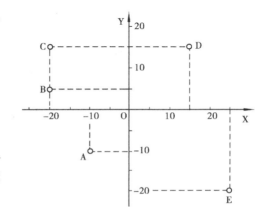

图 2.21 计算坐标值

线为刀具中心的运动轨迹,假定 Z 轴方向无运动,起刀点在原点,请编程。

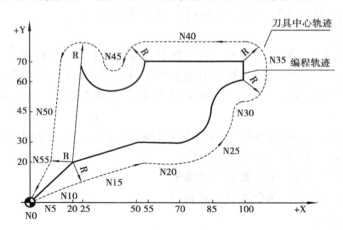

图 2.22　铣刀半径补偿练习题

12. 如图 2.23 所示,加工刀具采用立铣刀,铣刀直径为 20 mm,主轴转速为 500 r/min,试编制该工件的精铣加工程序。

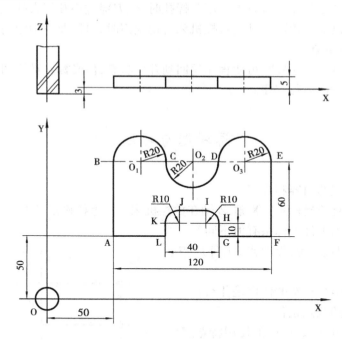

图 2.23　精铣加工程序

第 **3** 章
程序编制中的工艺设计及数学处理

3.1 数控加工工艺设计

3.1.1 **数控加工工艺设计的主要内容**

工艺设计是对工件进行数控加工的前期准备工作,必须在编程之前完成。数控加工工艺设计的原则和内容在很多方面与普通机床加工工艺设计相同或类似。但由于数控机床是一种自动化程度高的高效加工机床,数控加工的工艺设计要比普通机床加工工艺设计具体、严密和复杂得多。工艺设计是否合理、先进、准确、周密,不但影响编程的工作量,还将极大的影响加工质量、加工效率和设备的安全运行。因此,编程人员一定要先把工艺设计好,不要先急于考虑编程。

数控加工工艺设计主要包括下列内容:

①选择并决定零件的数控加工内容;

②零件图样的数控加工工艺性分析;

③数控加工的工艺路线设计;

④数控加工工序设计;

⑤数控加工专用技术文件的编写。

3.1.2 **数控加工工艺设计过程**

(1)**数控加工工艺设计准备**

1)选择并确定进行数控加工的内容

对零件图样进行仔细的工艺分析,选择出那些最适合、最需要进行数控加工的内容和工序。在选择并作出决定时,应结合本单位的实际情况,立足于解决加工难题、提高生产效率,充分发挥数控加工的优势。在选择时,一般可按下列顺序考虑:

①通用机床无法加工的内容应作为优先选择内容,例如叶片、较复杂的模具内腔或外形、非圆齿轮、凸轮的加工等;

②通用机床难加工、质量也难保证的内容应作为重点选择内容；

③通用机床加工效率低、工人手工操作劳动强度大的内容，一般在数控机床尚存在富余加工能力的基础上进行选择。

一般来说，上述这些加工内容采用数控加工后，在产品质量、生产效率与综合经济效益等方面都会得到明显提高。相比之下，下列一些加工内容则不宜选择数控加工：

①需要通过较长时间占机调整的加工内容，如：零件的粗加工，特别是铸、锻毛坯零件的基准平面、定位面等部位的加工等；

②必须用专用工装协调的孔及其他加工内容。主要原因是采集编程用的数据有困难，协调效果也不一定理想；

③按某些特定的制造依据（如样板、样件、模胎等）加工的型面轮廓，主要原因是获取数据难，易与检验依据发生矛盾，增加编程难度；

④不能在一次安装中加工完成的其他零散部位，采用数控加工很繁杂，效果不明显，可安排通用机床加工。

此外，在选择和决定加工内容时，也要考虑生产批量、生产周期、工序间周转情况等等，总之，要尽量做到合理，既要发挥数控机床的特长和能力，又不要把数控机床降格为通用机床使用。

2）对零件图进行数控加工工艺性分析

事实上，在选择和决定数控加工内容的过程中，有关工艺人员必定对零件图做过一些工艺性分析，但还不够具体与充分。在进行数控加工的工艺性分析时，编程人员应积极与普通加工工艺人员密切配合，根据所掌握的数控加工基本特点及所用数控机床的功能和实际工作经验，力求把这一前期准备工作做得更仔细、更扎实一些，以便为下面要进行的工作铺平道路，减少失误和返工，不留遗患。

关于数控加工的工艺性问题，其涉及面很广，这里仅从数控加工的可能性与方便性两个角度提出一些必须分析和审查的主要内容。

①审查与分析零件图样中的尺寸标注方法是否适应数控加工的特点

对数控加工来说，倾向于以同一基准引注尺寸或直接给出坐标尺寸。这种标注法，既便于编程，也便于尺寸之间的相互协调，在保持设计、工艺、检测基准与编程原点设置的一致性方面带来很大方便。由于零件设计人员往往在尺寸标注中较多地考虑装配等使用特性，而不得不采取局部分散的标注方法，这样会给工序安排与数控加工带来诸多不便。事实上，由于数控加工精度及重复定位精度都很高，不会因产生较大的积累误差而破坏使用特性，因而改局部分散标注为集中引注或坐标式标注是完全可行的。

②审查与分析零件图样中构成轮廓的几何元素是否充分

由于零件设计人员在设计过程中考虑不周等原因，常常遇到构成零件轮廓的几何元素的条件不充分或模糊不清。如圆弧与直线到底是相切还是相交，含糊不清；有些明明画得相切，但根据图样给出的尺寸计算相切条件不充分而变为相交或相离状态，使编程无从下手；有时，所给条件又过于"苛刻"或自相矛盾，增加了数学处理的难度。因为在自动编程时，要对构成轮廓的所有几何元素进行定义，手工编程时要计算出每一个基点、节点坐标，无论哪一点不明确或不确定，编程都无法进行。所以，在审查与分析图样时，一定要仔细认真，发现问题及时找设计人员更改。

③审查与分析定位基准的可靠性

批量加工时，数控加工工艺特别强调定位加工，尤其是正反两面都采用数控加工的零件，以同一基准定位十分必要，否则很难保证两次装夹加工后两个面上的轮廓位置及尺寸达到要求。所以，如零件本身有合适的孔，最好就用它来作定位基准孔，即使零件上没有合适的孔，也要想办法专门设置工艺孔作为定位基准。如零件上无法加工工艺孔，可以考虑以零件轮廓的基准边或在毛坯上增加工艺凸耳，打出工艺孔，在完成定位加工后再除去的方法。

④审查和分析零件所要求的加工精度、尺寸公差是否都可以得到保证

数控机床尽管比普通机床加工精度高，但数控加工与普通加工一样，在加工过程中都会遇到受力变形的困扰。因此，对于薄壁件、刚性差的零件加工，一定要注意加强零件加工部位的刚性，防止变形的产生。

3）零件毛坯的工艺性分析

在对零件图进行工艺性分析后，还应结合数控加工的特点，对所用毛坯（常为板料、铸件、自由锻及模锻件）进行工艺性分析。否则毛坯不适合数控加工，加工将很难进行，甚至会造成前功尽弃的后果。毛坯的工艺性分析一般从下面几个方面考虑：

①毛坯的加工余量是否充分，批量生产时的毛坯余量是否稳定

对锻、铸件毛坯，因模锻时的欠压量与允许的错模量会造成加工余量多少不等，铸造时也会因砂型误差、收缩量及金属液体的流动性差不能充满型腔等造成余量不等。此外，锻、铸后，毛坯的翘曲与扭曲变形量的不同也会造成加工余量不充分、不稳定。在普通加工工艺上，上述情况常常采用划线时串位借料的方法解决。但在数控加工中，一般一次定位将决定工件的加工过程，加工过程的自动化很难照顾到何处余量不足的问题。因此，数控加工时，工件的加工面均应有较充分的余量。经验表明，数控加工中最难保证的是加工面与非加工面之间的尺寸，这一点应该引起特别重视。

②分析毛坯在定位夹紧方面的适应性

考虑毛坯在加工时定位夹紧方面的可靠性与方便性，可以充分发挥数控机床的优势，以便在一次装夹中加工出许多待加工面。在分析毛坯定位时，还要考虑要不要另外增加装夹余量或工艺凸台来定位与夹紧，在什么地方可以制出工艺孔或要不要另外准备工艺凸耳来特制工艺孔等问题。

③分析毛坯的余量大小及均匀性

毛坯的余量大小及均匀性对数控加工工艺的安排有很大影响，它决定数控加工时要不要分层切削及分几层切削，影响到加工中与加工后的变形程度，决定了数控加工是否采取预防性措施与补救性措施。

（2）数控机床的选择

不同类型的零件应在不同的数控机床上加工，要根据零件的设计要求合理选择数控机床。数控车床适于加工形状比较复杂的轴类零件和由复杂曲线回转形成的模具内型腔等。数控立式镗铣床和立式加工中心适于加工箱体、箱盖、平面凸轮、样板、形状复杂平面或立体零件以及模具的内外型腔等。数控卧式镗铣床和卧式加工中心适于加工各种复杂的箱体类零件、泵体、阀体、壳体等。多坐标联动的卧式加工中心还可用于加工各种复杂的曲线、曲面、叶轮、模具等。总之，不同类型的零件要选用相应的数控机床加工，以发挥数控机床的效率和特点。

（3）加工工序的划分

数控加工工序的划分一般可按下列方法进行：

1）按零件装夹方式划分工序

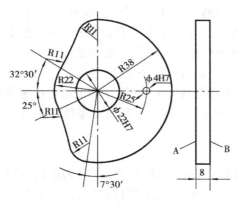

32°30′

25°

7°30′

R11

R11

R22

R38

R25

R11

R11

φ4H7

φ22H7

A B

8

图 3.1 片状凸轮

由于每个零件的结构形状不同，各表面的精度要求也有所不同，因此加工时，其定位方式各有差异。一般加工外形时，以内形定位；加工内形时又以外形定位。因而可根据定位方式的不同来划分工序。

如图 3.1 所示的片状凸轮，按定位方式可分为两道工序。第一道工序可在普通机床上进行，以外圆和 B 平面定位加工端面 A 和 Φ22H7 的内孔，然后再加工端面 B 和 Φ4H7 的工艺孔；第二道工序以已加工的两个孔和一个端面定位，在数控机床上加工凸轮外形轮廓。

2）按先粗后精的原则划分工序

为了提高生产率并保证零件的加工质量，在切削加工中，应先安排粗加工工序，在较短的时间内去除整个零件的大部分余量，同时尽量满足精加工的余量均匀性要求。当粗加工完成后，应接着安排半精加工和精加工。安排半精加工的目的是，当粗加工后所留余量均匀性满足不了精加工要求时，利用半精加工使精加工余量小而均匀。

3）刀具集中法划分工序

刀具集中法即是在一次装夹中，尽可能用一把刀具加工完成所有可以加工的部位，然后再换刀加工其他部位。这种划分工序的方法可以减少换刀次数，缩短辅助时间，减少不必要的定位误差。

4）按加工部位划分工序

一般说来，应先加工平面、定位面，再加工孔；先加工简单的几何形状，再加工复杂的几何形状；先加工精度较低的部位，再加工精度较高的部位。

综上所述，在划分工序时，一定要视零件的结构与工艺性，机床的功能，零件数控加工内容的多少，装夹次数及本单位生产组织状况灵活掌握。另外，用数控机床加工零件时宜采用工序集中的原则组织生产。

（4）加工顺序的安排

加工顺序的安排应根据零件的结构和毛坯状况，以及定位安装与夹紧的需要来考虑，重点是工件的刚性不被破坏。顺序安排一般应按下列原则进行：

1）上道工序的加工不能影响下道工序的定位与夹紧，中间穿插有通用机床加工工序的也要综合考虑；

2）先进行内型内腔加工工序，后进行外形加工工序；

3）以相同定位、夹紧方式或用同一把刀具加工的工序，最好连续进行，以减少重复定位次数，换刀次数与挪动压板次数；

4）在同一次安装中进行的多道工序加工，应先安排对工件刚性破坏较小的工序。

（5）工件装夹方式的确定

1）定位基准与夹紧方案的确定

①力求设计、工艺与编程计算的基准统一；

②尽量减少装夹次数，尽可能做到在一次定位、夹紧后就能加工出全部待加工表面；

③避免采用占机人工调整式方案。

2）夹具的选择

数控加工的特点对夹具提出了两个基本要求：一是要保证夹具的坐标方向与机床的坐标方向相对固定；二是要能协调零件与机床坐标系的尺寸。除此之外，主要考虑下列几点：

①尽量采用组合夹具、可调式夹具及其他通用夹具；

②当成批生产时才考虑采用专用夹具，但应力求结构简单；

③工件的加工部位要敞开，夹具上的任何部分都不能影响加工中刀具的正常走刀，不能产生碰撞；

④夹紧力应力求通过靠近主要支承点或在支承点所组成的三角形内，应力求靠近切削部位，并在刚性较好的地方，尽量不要在被加工孔的上方，以减少零件变形；

⑤装卸零件要方便、迅速、可靠，以缩短准备时间，有条件时，批量较大的零件应采用气动或液压夹具、多工位夹具。

（6）对刀点与换刀点的确定

对刀点是工件在机床上找正、装夹后，用于确定工件坐标系在机床坐标系中位置的基准点。为保证加工的正确，在编制程序时，应合理设置对刀点。其原则是：

1）在机床上找正容易；

2）应便于数学处理和简化程序编制；

3）对刀方便，误差小；

4）加工时检查方便、可靠。

对刀点一般设在被加工的零件上，使用专用夹具时，也可以设在夹具上，但都必须与零件的编程原点有一定的坐标尺寸联系，这样才能确定工件坐标系与机床坐标系的相互关系。对刀点既可以与编程原点重合，也可以不重合，这主要取决于编程方式、加工精度要求和对刀是否方便。为了提高零件的加工精度，对刀点应尽可能选在零件的设计基准或工艺基准上。例如以零件上已有加工孔的中心作为对刀点较为合适。有时零件上没有合适的孔，也可以用加工工艺孔来对刀。

对刀时应使对刀点与刀位点重合。所谓刀位点，是指刀具的定位基准点。对于各种立铣刀，一般取刀具轴线与刀具底端面的交点；对球头刀，取为球心；对于车刀，取为刀尖；钻头则取为钻尖。

换刀点是为加工中心、数控车床等多刀加工的机床编程而设置的，因为这些机床在加工过程中间要自动换刀。为防止换刀时碰伤零件或夹具，换刀点常常设置在被加工零件的外面，并要有一定的安全量。

（7）走刀路线的选择

走刀路线是指数控加工过程中刀具相对于被加工零件的运动轨迹和方向。加工路线的合理选择是非常重要的，因为它与零件的加工精度和表面质量密切相关。走刀路线不但包括了工步的内容，也反映出各工步顺序，工步的划分与安排一般可随走刀路线来进行。走刀路线是编写程序的依据之一,因此,在确定走刀路线时最好画一张工序简图,将已经拟定出的走刀路线画上去(包括进、退刀路线),这样可为编程带来不少方便。在确定走刀路线时,主要考虑下列几点:

1)保证零件的加工精度要求;

2)方便数值计算,减少编程工作量;

3)寻求最短加工路线,减少空刀时间以提高加工效率;

4)尽量减少程序段数;

5)为保证工件轮廓表面加工后的表面粗糙度要求,最终轮廓应安排最后一次走刀连续加工出来;

6)刀具的进退刀(切入与切出)路线要认真考虑,尽量减少在轮廓处停刀(切削力突然变化造成弹性变形)而留下刀痕,也要避免在工件轮廓面上垂直下刀而划伤工件。

在选择走刀路线时,下述情况应充分注意:

1)孔加工

对于点位控制的数控机床,只要求定位精度较高,定位过程尽可能快,而刀具相对工件运动路线是无关紧要的,因此这类机床应按空行程最短来安排走刀路线。例如在钻削图3.2(a)所示零件时,图3.2(c)所示的空行程进给路线比图3.2(b)所示的常规的空行程进给路线要短。

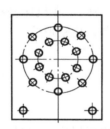 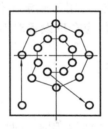 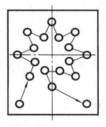

(a)钻削示例件　　(b)常规进给路线　　(c)最短进给路线

图3.2　最短走刀路线的设计

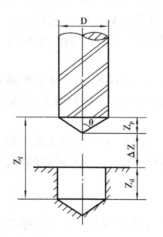

图3.3　数控钻孔的尺寸关系

对于点位控制的数控机床还要确定刀具轴向的运动尺寸,其大小主要由被加工零件的轴向尺寸来决定,并考虑一些辅助尺寸。例如图3.3所示钻孔情况:图中Z_d为孔的深度;ΔZ为引入距离,一般对已加工面取 $1\sim3$ mm,毛面取 $5\sim8$ mm,攻螺纹时取 $5\sim10$ mm。钻通孔时刀具超越量取 $1\sim3$ mm。由图3.3知:

$$Z_p = \frac{D}{2} \cot\theta \approx 0.3D$$

式中:Z_p 为钻头钻锥长;D 为钻头直径;θ 为钻头半顶角。

对于孔系加工,为了提高位置精度,可以采用单向趋近定位点的方法,以避免传动系统的误差对定位精度的影响。如图3.4所示,图3.4(a)为零件图,在该零件上镗六个尺寸相同的孔,有两种加工路线。当按图3.4(b)所示路线加工时,由于5、6孔与1、2、3、4孔定位方向相反,Y方向反向间隙会使定位误差增加,而影响5、6孔与其他孔之间的位置精度。按图3.4(c)所示路线,加工完4孔后往上移动一段距离到P点,然后再折回来加工5、6孔,这样方向一致,可避免反向间隙的引入,提高5、6孔与其他孔的位置精度。但这样会使空行程增大,降低了加工效率。

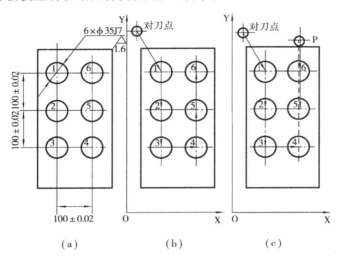

图3.4　镗孔加工路线示意图

2)平面轮廓加工

为了保证轮廓表面的粗糙度要求,减少接刀痕迹,对刀具的"切入"和"切出"程序需要精心设计。例如图3.5所示,铣削外轮廓时,铣刀应沿零件轮廓曲线延长线的切向切入和切出。不应沿法向切入和切出,以避免产生接刀痕迹。

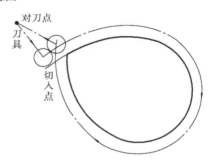

图3.5　刀具切入和切出方式

在铣削如图3.6所示凹槽一类的封闭内轮廓时,其切入和切出无法外延,铣刀要沿零件轮廓的法线方向切入和切出,此时,切入点和切出点尽可能选在零件轮廓两几何元素的交点处。图3.6列出了三种走刀方案,为了保证凹槽侧面达到所要求的表面粗糙度,最终轮廓应由最后环切走刀连续加工出来为好,所以图3.6(c)的走刀路线方案最好,图3.6(a)方案最差。

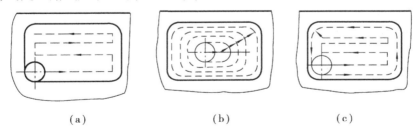

图3.6　凹槽加工走刀路线

在轮廓加工过程中应尽量避免进给停顿。因为进给停顿将引起切削力的变化,从而引起工件、刀具、夹具、机床系统弹性变形的变化,导致在停顿处的零件表面留下划痕。

3)螺纹加工

在数控机床上加工螺纹时,沿螺距方向的 Z 向刀具进给量和主轴的旋转要保持严格的速比关系。但考虑到 Z 向从停止状态到达指令的进给速度(mm/r),随动系统总要有一过渡过程,因此在安排 Z 向加工路线时,要有引入距离 δ_1 和超越距离 δ_2,如图3.7所示。δ_1 一般取 2～5 mm,对大螺距的螺纹取大值;δ_2 一般取 δ_1 的 1/4 左右。若螺纹收尾处无退刀槽时,收尾处的形状与数控系统有关,一般取 45°退刀收尾。

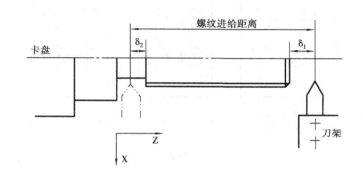

图3.7　切削螺纹时的引入距离

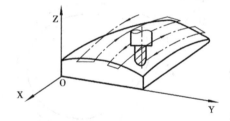

图3.8　曲面两轴半行切加工

4)曲面轮廓加工

曲面轮廓的加工工艺处理较平面轮廓要复杂得多,加工时要根据曲面形状、刀具形状以及零件的精度要求,选择合理的走刀路线。铣削曲面时,常用球头刀采用"行切法"进行加工。所谓行切法是指刀具与工件轮廓的切点轨迹是一行一行的,而行间距是按零件加工精度的要求来确定。图3.8是对曲面进行两轴半坐标行切加工的示意图。

(8)加工刀具的选择

数控机床,特别是加工中心,其主轴转速较普通机床的主轴转速高,某些数控机床、加工中心主轴转速高达数万转,因此数控机床用刀具的强度与耐用度至关重要。目前涂层刀具与立方氮化硼刀具已广泛用于加工中心;陶瓷刀具与金刚石刀具也开始在加工中心上运用。一般来说,数控机床用刀具应具有较高的耐用度和刚度,刀具材料抗脆性好,有良好的断屑性能和可调易更换等特点。

图3.9介绍了几种常用的刀具类型,其中图3.9(a)所示的端面铣刀主要用来铣削较大的平面;图3.9(b)所示的立铣刀类,主要用于加工平面和沟槽的侧面;图3.9(e)所示的成型铣刀大多用来加工各种形状的内腔、沟槽;图3.9(f)所示的球形铣刀适用于加工空间曲面和平面间的转角圆弧,鼓形铣刀则主要用于加工变斜角的空间曲面。

在数控机床上进行铣削加工时选择刀具要注意如下要点:

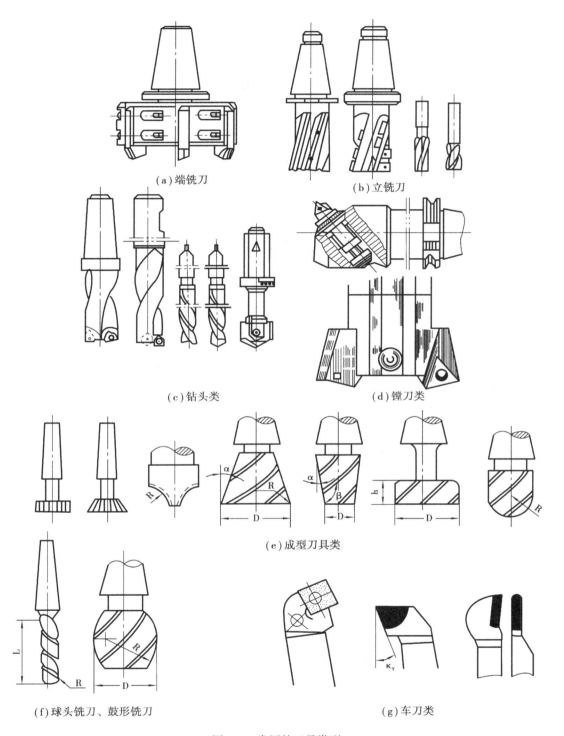

（a）端铣刀　　　　　　　　　　（b）立铣刀

（c）钻头类　　　　　　　　　　（d）镗刀类

（e）成型刀具类

（f）球头铣刀、鼓形铣刀　　　　　　　　（g）车刀类

图 3.9　常用的刀具类型

　　平面铣削时应选用不重磨硬质合金端铣刀或立铣刀。一般铣削时,尽量采用二次走刀加工,第一次走刀最好用端铣刀粗铣,沿工件表面连续走刀。选好每次走刀宽度和铣刀直径,使

接刀痕不影响精切走刀精度。当加工余量大又不均匀时,铣刀直径要选小些,反之,选大些。精加工时铣刀直径要选大些,最好能包容加工面的整个宽度。

立铣刀和镶硬质合金刀片的端铣刀主要用于加工凸台、凹槽和箱口面。为了轴向进给时易于吃刀,要采用端齿特殊刃磨的铣刀。为了减少振动,可采用非等距三齿或四齿铣刀。为了加强铣刀强度,应加大锥形刀心,变化槽深。为了提高槽宽的加工精度,减少铣刀的种类,加工时可采用直径比槽宽小的铣刀先铣槽的中间部分,然后用刀具半径补偿功能铣槽的两边。加工曲面和变斜角轮廓外形时常用球头刀、环形刀、鼓形刀和锥形刀等。加工曲面时球头刀的应用最普遍,但是越接近球头刀的底部,切削条件就越差,因此近来有用环形刀(包括平底刀)代替球头刀的趋势。鼓形刀和锥形刀都是用来加工变斜角零件,这是单件或小批量生产中取代四坐标或五坐标机床的一种变通措施,鼓形刀的缺点是刃磨困难,切削条件差,而且不适应于加工内缘表面。锥形刀的情况相反,刃磨容易,切削条件好,加工效率高,工件表面质量也较好,但是加工变斜角零件的灵活性小。当工件的斜角变化范围大时需要中途分阶段换刀,留下的金属残痕多,增大了手工锉修量。

(9)**切削用量的确定**

数控加工的切削用量主要包括切削深度、主轴转速及进给速度等。对粗精加工平面、钻、铰、镗孔与攻螺纹等不同的切削用量都应编入加工程序。上述加工用量的选择原则与通用机床加工基本相同,具体数值应根据数控机床的使用说明书和金属切削原理中规定的方法及原则,结合实际加工经验来确定。在确定好各部位与各把刀具的切削用量后,最好能建立一张用量表,主要是防止遗忘和方便编程。在确定切削用量时需注意以下一些内容:

1)在选择切削用量时要保证刀具能加工完一个零件,或者能保证刀具耐用度不低于一个班,最少也不能低于半个班的作业时间;

2)切削深度主要受机床、工件和刀具的刚度限制,在刚度允许的情况下,尽可能使切削深度等于零件的加工余量,这样可以减少走刀次数,提高效率;

3)对于精度和表面粗糙度有较高要求的零件,应留有足够的加工余量。一般加工中心的精加工余量较普通机床的精加工余量小。

主轴转速 n 要根据允许的切削速度 v 来选择:

$$n = 1\ 000v/\pi D$$

式中:n 为主轴转速(r/min);D 为刀具直径(mm);v 为切削速度(m/min)。

进给速度(mm/min)或进给量(mm/r)是切削用量的主要参数,一定要根据零件加工精度和表面粗糙度的要求,以及刀具和工件材料来选取。

当加工直线段轮廓时,由于刀具半径偏移量的影响,刀具中心轨迹的长度可能与图样上给出的零件轮廓长度不同,也会使实际进给速度偏离指定的进给率。此外,在轮廓加工中当零件有突然的拐角时刀具容易产生"超程"。应在接近拐角前适当降低进给速度,过拐角后再逐渐增速。

(10)**编程误差的控制**

程序编制中的误差主要由下述三部分组成:

1)逼近误差

这是用近似计算方法逼近零件轮廓时所产生的误差,也称一次逼近误差。例如,生产中经常需要仿制已有零件的备件而又无法考证零件外形的准确数学表达式。这时只能实测一组离散点的坐标值,用样条曲线或曲面拟合后编程。近似方程所表示的形状与原始零件之间有误差。一般情况下很难确定这个误差的大小。

2)插补误差

这是用直线或圆弧段逼近零件轮廓曲线所产生的误差。减少这个误差的最简单的方法是加密插补点,但这会增加程序段的数量和计算时间。实际应用中,在编制较大程序时,往往在粗加工时,尽量用较少的插补点以减少粗加工的程序容量,而在精加工时,则加密插补点,以增加零件轮廓的插补精度。

3)圆整化误差

这是将工件尺寸换算成机床的脉冲当量时由于圆整化所产生的误差,数控机床的最小位移量是一个脉冲当量,小于一个脉冲当量的数据只能用四舍五入的办法处理。这一误差的最大值是脉冲当量的一半。

在点位数控加工中,编程误差只包含一项圆整化误差;而在轮廓加工中,编程误差主要由插补误差组成。插补误差相对于零件轮廓的分布形式有三种:在零件轮廓的外侧;在零件轮廓的内侧;在零件轮廓的两侧。具体的选用取决于零件图样的要求。

零件图上给出的公差允许分配给编程误差的只能占一小部分。还有其他许多误差,如控制系统误差、伺服系统误差、定位误差、对刀误差、刀具磨损误差、工件变形误差等。其中定位误差和伺服系统误差是加工误差的主要来源,因此编程误差一般应控制在零件公差的 10% ~ 20% 以内。

(11)数控加工专用技术文件的编写

编写数控加工专用技术文件是数控加工工艺设计的内容之一。这些专用技术文件既是数控加工的依据、产品验收的依据,也是需要操作者遵守、执行的规程。有的则是加工程序的具体说明或附加说明,目的是让操作者更加明确程序的内容、定位与夹紧方式、各个加工部位所选用的刀具及其他问题。

为加强技术文件管理,数控加工专用技术文件也应走标准化、规范化的道路,但目前还有较大困难,只能做到按部门或按单位局部统一。下面介绍几种数控加工专用技术文件,供数控工艺设计者参考。

1)数控加工工序卡

数控加工工序卡与普通加工工序卡有许多相似之处,所不同的是:工序图中应注明编程原点与对刀点,要进行编程简要说明(所用控制系统及机床型号、程序编号、镜像加工对称方式、刀具半径补偿界限等)及切削参数(即程序编入的主轴转速、进给速度、最大切削深度或宽度等)的选定。

在工序加工内容不十分复杂的情况下,用数控加工工序卡的形式较好,可以把零件工序图、尺寸、技术要求、工序内容及程序要说明的问题集中反映在一张卡片上,做到一目了然。

数控加工工序卡的格式见表 3.1。

表3.1　数控加工工序卡

产品型号		零件图号		零件名称		材料		程序编号		编制	
工步号	工步内容	加工面	刀具				辅具	切削用量			进给行程			工作时间/min			备注
			T码	种类规格	半径补偿	长度补偿		主轴转速S	进给速度F	切削深度	加工	切入	切出	T工	T辅	总计	
1																	
2																	
3																	
4																	
5																	
6																	
7																	
8																	

2）数控加工程序说明卡

实践证明,仅用加工程序单、数控加工工序卡来进行实际加工还有许多不足之处。由于操作者对程序的内容不清楚,对编程人员的用意不够理解,经常需要编程人员在现场进行口头解释、说明与指导,这种做法在程序仅使用一、二次就不用了的场合还是可以的。但是,若程序是用于长期批量生产的,则因编程人员很难总在现场而造成不必要的麻烦和损失。

根据应用实践,一般应对加工程序作出说明的主要内容如下:

①所用数控设备的型号;

②对刀点(程序原点)及允许的对刀误差;

③工件相对于机床的坐标方向及位置(用简图表示);

④镜像加工使用的对称轴;

⑤所用刀具的规格、图号及其在程序中对应的刀具号,必须按实际刀具半径或长度加大或缩小补偿值的特殊要求(如用同一条程序、同一把刀具作粗加工而利用加大刀具半径补偿值进行时)、更换该刀具的程序段号等;

⑥整个程序加工内容的顺序安排(相当于工步内容说明与工步顺序);

⑦子程序的说明,对程序中编入的子程序应说明其内容,使人明白每条子程序的用途;

⑧其他需要作特殊说明的问题,如需要在加工中更换夹紧点(挪动压板)的计划停车程序段号,中间测量用的计划停车程序段号,允许的最大刀具半径和长度补偿值等。

3）数控加工走刀路线图

在数控加工中,常常要注意并防止刀具在运动中与夹具、工件等发生意外的碰撞,为此,必须设法告诉操作者关于编程中的刀具运动路线(如从哪里下刀、在哪里抬刀、哪里是斜下刀等),使操作者在加工前就有所了解并计划好夹紧位置及控制夹紧元件的高度,这样可以减少上述事故的发生。

为简化走刀路线图,一般可采取统一约定的符号来表示。不同的机床可以采用不同图例与格式。

4)编写要求

数控加工专用技术文件在生产中通常可指导操作工人按正确的程序加工,同时也可对产品的质量起保证作用,有时甚至是产品制造的依据,所以数控加工专用技术文件的编写应像编写工艺规程和加工程序一样认真对待,切不可草草了事。

3.2　程序编制中的数学处理

3.2.1　数值计算的内容

根据零件图,按已确定的走刀路线和允许的编程误差,计算数控系统所需输入的数据,称为数控加工的数值计算。数值计算根据加工表面的几何形状、误差要求、刀刃形状及所用数控机床具有的功能(坐标轴数、插补、补偿、固定循环)等诸因素的不同,有不同的计算内容。主要有:零件轮廓的基点和节点的计算、刀位点轨迹的计算、辅助计算等。

(1)基点、节点的计算

基点坐标的计算:零件的轮廓曲线一般由许多不同的几何元素组成,如直线、圆弧、二次曲线等组成。通常把各个几何元素间的连接点称为基点,如两条直线的交点,直线与圆弧的切点或交点,圆弧与圆弧的切点或交点,圆弧与二次曲线的切点和交点等。

节点坐标的计算:对于平面轮廓是直线和圆以外的非圆曲线,如渐开线、阿基米德螺线等,采用直线或圆弧逼近它们。即将这些非圆曲线按等间距或等弧长分割成许多小段,用直线或圆弧逼近这些小段,从而取代非圆曲线。逼近直线或圆弧小段与非圆曲线的交点或切点称为节点。编程时要根据所允许的误差计算出各线段的长度和节点的坐标值。如图 3.10 所示,图 3.10(a)为用直线段逼近非圆曲线的情况,图 3.10(b)为用圆弧段逼近非圆曲线的情况。编写程序时,应按节点划分程序段。逼近线段的近似区间越大,则节点数目越少,相应地程序段的数目也会减少,但逼近线段的误差 δ 应小于或等于编程允许误差 $\delta_{允}$,即 $\delta \leqslant \delta_{允}$。考虑到工艺系统及计算误差的影响,$\delta_{允}$ 一般取零件公差的 $1/5 \sim 1/10$。

曲面零件应根据程序编制允差,将曲面分割成不同的加工截面,各加工截面上轮廓曲线也要计算基点和节点。

(2)刀位点轨迹的计算

刀位点轨迹的计算:全功能的数控系统具有刀具补偿功能,编程时只要计算出零件轮廓上的基点或节点坐标,给出有关刀具补偿指令及其相关数据,数控装置可自动进行刀具偏移的计算,算出所需的刀位点轨迹坐标,控制刀具运动。

某些简易数控系统,例如简易数控车床,只有长度偏移功能而无半径补偿功能,编程时为保证精确地加工出零件轮廓,就需要作某些偏置计算。用球头刀加工三坐标立体型面零件时,程序编制要算出球头刀球心的运动轨迹,而由球头刀的外缘切削刃加工出零件轮廓。带摆角

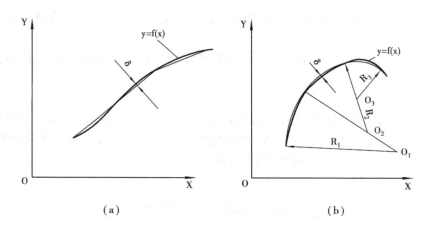

（a）   （b）

图 3.10 曲线的逼近

的数控机床加工立体型面零件或平面斜角零件时,程序编制要算出刀具摆动中心的轨迹和相应摆角值。数控系统控制刀具摆动中心运动时,由刀具端面和侧刃加工出零件轮廓。

（3）辅助计算

包括增量计算,辅助程序的数值计算等。

增量计算是仅就增量坐标的数控系统或绝对坐标系统中某些数据仍要求以增量方式输入时,所进行的由绝对坐标数据到增量坐标数据的转换。

辅助程序段是指开始加工时,刀具从对刀点到切入点,或加工完了时,刀具从切出点返回到对刀点而特意安排的程序段。切入点位置的选择应依据零件加工余量的情况,适当离开零件一段距离。切出点位置的选择,应避免刀具在快速返回时发生撞刀,也应留出适当的距离。使用刀具补偿功能时,建立刀补的程序段应在加工零件之前写入,加工完成后应取消刀补。

3.2.2 直线、圆弧组成的零件轮廓的基点计算

由直线和圆弧组成的零件轮廓,可以归纳为直线与直线相交、直线与圆弧相交或相切、圆弧与圆弧相交或相切、一直线与两圆弧相切等几种情况。计算的方法通常有两种,一种是联立方程组求解;另一种是利用几何元素间的三角函数关系求解。编程时根据零件形状,将直线和圆弧按定义方式归纳若干种,并变成标准的计算形式,用计算机求解,则更为方便。

（1）直线与圆弧相交或相切

1）联立方程组法求解基点坐标

如图 3.11 所示零件,其轮廓由直线和圆弧组成。加工外形轮廓时,必须向数控机床输入各基点和圆心的坐标数据。由图可知,应确定的基点坐标为 A、B、C、D、E 各点。其中,A、B、D、E 各点的坐标可直接由图上的数据得出,而 C 点是过 B 点并与圆 O_1 相切的直线和圆 O_1 的切点,C 点坐标可采用直线方程和圆方程联立求解的方法获得。

设 BC 直线方程为 $y = kx + b$,k 表示 BC 的斜率;以 O_1 为圆心的圆弧方程的一般表达式为:

$$(x - x_1)^2 + (y - y_1)^2 = R^2$$

求切点 C 可通过直线方程与圆弧方程联立求解:

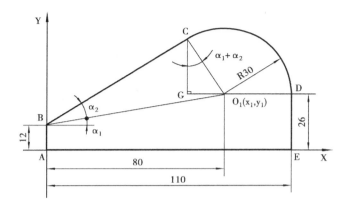

图 3.11　零件基点计算

$$\begin{cases} y = kx + b \\ (x - x_1)^2 + (y - y_1)^2 = R^2 \end{cases}$$

设以下参数：

$$A = 1 + k^2, B = 2[k(b - y_1) - x_1]$$

则切点 $C(x_c, y_c)$ 按下式计算：

$$x_c = -\frac{B}{2A}, y_c = kx_c + b$$

根据图 3.11 中各坐标位置关系可知：

$$\begin{cases} \Delta x = x_1 - x_b = 80 - 0 = 80 \\ \Delta y = y_1 - y_b = 26 - 12 = 14 \end{cases}$$

$$\alpha_1 = \arctan \frac{\Delta y}{\Delta x} = \arctan \frac{14}{80} = 9.926\ 3°$$

$$\alpha_2 = \arcsin \frac{R}{O_1 B} = \arcsin \frac{30}{\sqrt{80^2 + 14^2}} = 21.677\ 8°$$

则直线方程 $y = kx + b$ 中，k 表示 BC 的斜率，$k = \tan(\alpha_1 + \alpha_2) = 0.615\ 3$，$b$ 表示 BC 的截距，$b = 12$。通过 O_1 的圆方程与直线 BC 的方程联立求解：

$$\begin{cases} y = 0.615\ 3x + 12 \\ (x - 80)^2 + (y - 26)^2 = 30^2 \end{cases}$$

$$A = 1 + k^2 = 1.378\ 6, B = 2[k(b - y_1) - x_1] = -177.23$$

$$x_c = -B/(2A) = 64.279$$

$$y_c = kx_c + b = 51.551$$

2）三角函数法求解基点坐标

求基点坐标时，也可以直接利用图形间的几何三角关系来求解。计算过程相对于联立方程求解会简单一些。仍以图 3.11 中求 C 点坐标为例，过 C 点作 X 轴的垂线与过 O_1 点作 Y 轴的垂线相交于 G 点。

在直角三角形 CGO_1 中，$\angle O_1 CG = \alpha_1 + \alpha_2$。前面已经求出 $\alpha_1 = 9.926\ 3°$，$\alpha_2 = 21.677\ 8°$。

根据三角函数关系，可求出 C 点坐标：

$$\begin{cases} x_c = x_1 - R\sin(\alpha_1 + \alpha_2) = 80 - 30\sin 31.6041 = 64.279 \\ y_c = y_1 + R\cos(\alpha_1 + \alpha_2) = 26 + 30\cos 31.6041 = 51.551 \end{cases}$$

应用三角函数法求解基点坐标,计算工作量明显减少。

(2)圆弧与圆弧相交或相切

如图 3.12 所示,已知两相交圆的圆心坐标及半径分别为 (x_1,y_1),R_1;(x_2,y_2),R_2,求其交点坐标 (x_c,y_c)。

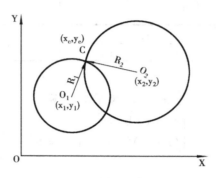

图 3.12　圆弧与圆弧相交

联立求解两圆方程

$$\begin{cases} (x - x_1)^2 + (y - y_1)^2 = R_1^2 \\ (x - x_2)^2 + (y - y_2)^2 = R_2^2 \end{cases}$$

经整理可给出标准计算公式如下

$$\begin{cases} \Delta x = x_2 - x_1 \\ \Delta y = y_2 - y_1 \end{cases}$$

$$D = \frac{(x_2^2 + y_2^2 - R_2^2) - (x_1^2 + y_1^2 - R_1^2)}{2},\ A = 1 + \left(\frac{\Delta x}{\Delta y}\right)^2,\ B = 2\left[\left(y_1 - \frac{D}{\Delta y}\right)\frac{\Delta x}{\Delta y} - x_1\right]$$

$$C = \left(y_1 - \frac{D}{\Delta y}\right)^2 + x_1^2 - R_1^2$$

$$\begin{cases} x_c = \dfrac{-B \pm \sqrt{B^2 - 4AC}}{2A} \\ y_c = \dfrac{D - \Delta x x_c}{\Delta y} \end{cases} \qquad （求 x_c 较大值时取 +）$$

当两圆相切时,$B^2 - 4AC = 0$,上式也可用于求两圆相切的切点。

圆弧与圆弧相交或相切,也可以直接利用图形间的几何三角关系来求解。

例　图 3.13(a) 为印章零件图,将在数控车床上加工外形,试计算各基点坐标值。

解　分析零件图可知,圆弧 R5 左边与台阶面相切,右边与 R12.5 圆弧相切,同时 R12.5 圆弧与 SR15 球面相切。该零件图基点计算比较难的是切点,其余的基点计算很简单。下面仅介绍切点 M、N、G 的计算。

作如图 3.13(b) 所示的辅助线,由几何学知识可知,圆弧 R5 与圆弧 R12.5 的切点 N 在圆心 B、C 的连线上,圆弧 R12.5 与球面 SR15 的切点 M 也应在圆心 B、球心 A 的连线上。

在 $\triangle ABH$ 中:$BM = 12.5$,$AM = 15$

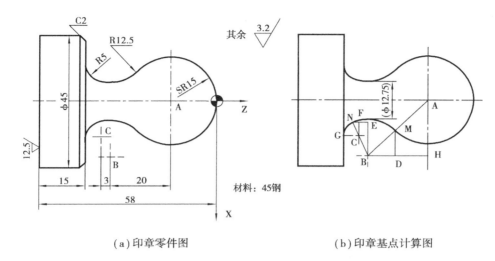

（a）印章零件图   （b）印章基点计算图

图 3.13 印章

$$\cos \angle ABH = \frac{BH}{AB}$$

$$BD = BM \cdot \cos \angle ABH = \frac{BM \cdot BH}{AB} = \frac{12.5 \times 20}{27.5} = 9.091$$

$$DM = \sqrt{BM^2 - BD^2} = \sqrt{12.5^2 - 9.091^2} = 8.579$$

$$AH = \sqrt{AB^2 - BH^2} = \sqrt{27.5^2 - 20^2} = 18.875$$

M 点的坐标值：

$$Z_M = -15 - (20 - 9.091) = -25.909$$

$$X_M = 2 \times (18.875 - 8.579) = 20.592 \qquad\qquad M(20.592, -25.909)$$

△NCF、△NBE 为相似三角形

$$\frac{NC}{NB} = \frac{NF}{NF + FE}, NF = \frac{15}{7.5} = 2$$

$$NE = 2 + 3 = 5$$

$$BE = \sqrt{BN^2 - NE^2} = \sqrt{12.5^2 - 5^2} = 11.456$$

N 点的坐标值：

$$Z_N = -15 - 20 - 5 = -40$$

$$X_N = 2(AH - BE) = 2 \times (18.875 - 11.456) = 14.838 \qquad\qquad N(14.838, -40)$$

$$CF = \sqrt{NC^2 - NF^2} = \sqrt{5^2 - 2^2} = 4.583$$

G 点的坐标值：G(24.004, -43)。工件最小直径为 12.75 mm。

3.2.3 用数学方程描述的非圆曲线节点坐标计算

数控加工中把除了直线与圆弧之外用数学方程式表达的平面轮廓曲线称为非圆曲线。非圆曲线的节点就是逼近线段的交点。一个已知曲线 $y = f(x)$ 的节点数目主要取决于所用逼近线段的形状（直线或圆弧）、曲线方程的特性以及允许的拟合误差。将这三个方面利用数学关系来求解，即可求得相应的节点坐标。

（1）用直线段逼近非圆曲线节点的计算方法

1）等间距直线逼近的节点计算

①基本原理

等间距法就是将某一坐标轴划分成相等的间距，然后求出曲线上相应的节点。如图 3.14 所示，已知曲线方程为 $y = f(x)$，沿 X 轴方向取 Δx 为等间距长。根据曲线方程，由 x_i 求得 y_i，$x_{i+1} = x_i + \Delta x$，$y_{i+1} = f(x_i + \Delta x)$，如此求得的一系列点就是节点。

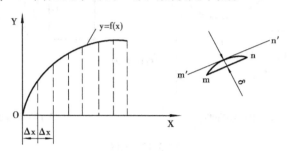

图 3.14　等间距直线逼近

②误差校验方法

由图 3.14 知，当 Δx 取得愈大，产生的拟和误差愈大。设工件的允许拟合误差为 δ，一般 δ 取成零件公差的 $1/5 \sim 1/10$，要求曲线 $y = f(x)$ 与相邻两节点连线间的法向距离小于 δ。实际处理时，并非任意相邻两点间的误差都要验算，对于曲线曲率半径变化较小处，只需验算两节点间距最长处的误差，而对曲线曲率变化较大处，应验算曲率半径较小处的误差，通常由轮廓图形直接观察确定校验的位置。其校验方法如下：

设需校验 mn 曲线段。m 和 n 的坐标分别为 (x_m, y_m) 和 (x_n, y_n)，则直线 mn 的方程为：

$$\frac{x - x_n}{y - y_n} = \frac{x_m - x_n}{y_m - y_n}$$

令 $A = y_m - y_n$，$B = x_n - x_m$，$C = y_m x_n - x_m y_n$，则上式可改写为 $Ax + By = C$。表示公差带范围的直线 m'n' 与 mn 平行，且法向距离为 δ。m'n' 直线方程可表示为：

$$Ax + By = C \pm \delta\sqrt{A^2 + B^2}$$

式中，当直线 m'n' 在 mn 上边时取"＋"号，在 mn 下边时取"－"号。

联立求解方程组：

$$\begin{cases} y = f(x) \\ Ax + By = C \pm \delta\sqrt{A^2 + B^2} \end{cases}$$

上式若无解，表示直线 m'n' 不与轮廓曲线 $y = f(x)$ 相交，拟合误差在允许范围内；若只有一个解，表示直线 m'n' 与 $y = f(x)$ 相切，拟合误差等于 δ；若有两个解，且 $x_m \leqslant x \leqslant x_n$，则表示超差，此时应减小 Δx 重新进行计算，直到满足要求为止。

2）等步长直线逼近的节点计算

这种计算方法是使所有逼近线段的长度相等，从而求出节点坐标。如图 3.15 所示，计算步骤如下：

①求最小曲率半径 R_{min}　曲线 $y = f(x)$ 上任意点的曲率半径为：

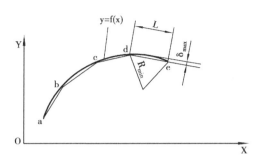

图 3.15　等步长直线逼近

$$R = \frac{(1 + y'^2)^{3/2}}{y''}$$

取 $dR/dx = 0$，即：

$$3y'y''^2 - (1 - y'^2)y''' = 0$$

根据 $y = f(x)$ 求得 y'、y''、y'''，并代入上式得 x，再将 x 代入前式求得 R_{min}。

②确定允许的步长 L　由于曲线各处的曲率半径不等，等步长后，最大拟合误差 δ_{max} 必在最小曲率半径 R_{min} 处。因此步长应为：

$$L = 2R_{min}^2 - (R_{min} - \delta)^2 \approx \sqrt{8R_{min}\delta}$$

③计算节点坐标　以曲线的起点 $a(x_a, y_a)$ 为圆心，步长 L 为半径的圆交 $y = f(x)$ 于 b 点，求解圆和曲线的方程组：

$$\begin{cases} (x - x_a)^2 + (y - y_a)^2 = L^2 \\ y = f(x) \end{cases}$$

求得 b 点坐标 (x_b, y_b)。

顺序以 b,c,… 为圆心，即可求得 c,d,… 各节点的坐标。

由于步长 L 决定于最小曲率半径，致使曲率半径较大处的节点过密过多，所以等步长法适用于曲率半径相差不大的曲线。

3）等误差直线逼近的节点计算

等误差法就是使所有逼近线段的误差 δ 相等。如图 3.16 所示，其计算步骤如下：

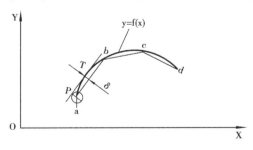

图 3.16　等误差直线段逼近

①确定允许误差 δ 的圆方程　以曲线起点 $a(x_a, y_a)$ 为圆心，δ 为半径作圆，此圆方程式为：

$$(x - x_a)^2 + (y - y_a)^2 = \delta^2$$

②求圆与曲线公切线 PT 的斜率 k

$$k = \frac{y_T - y_P}{x_T - x_P}$$

其中 x_T、x_P、y_T、y_P 由下面的联立方程组求解：

$$\begin{cases} \dfrac{y_T - y_P}{x_T - x_P} = -\dfrac{x_P - x_a}{y_P - y_a} & \text{（圆切线方程）} \\[3mm] y_P = \sqrt{\delta^2 - (x_P - x_a)^2} + y_a & \text{（圆方程）} \\[3mm] \dfrac{y_T - y_P}{x_T - x_P} = f'(x_T) & \text{（曲线切线方程）} \\[3mm] y_T = f(x_T) & \text{（曲线方程）} \end{cases}$$

③求弦长 ab 的方程　过 a 作直线 PT 的平行线,交曲线于 b 点,ab 的方程为:

$$y - y_a = k(x - x_a)$$

④计算节点坐标　联立曲线方程和弦长方程即可求得 b 点坐标 (x_b, y_b)。

$$\begin{cases} y - y_a = k(x - x_a) \\ y = f(x) \end{cases}$$

按上述步骤顺次求得 c,d,e,… 各节点坐标。

由上可知,等误差法程序段数目最少,但计算较复杂,可用计算机辅助完成。在采用直线逼近非圆曲线的拟合方法中,是一种较好的方法。

（2）用圆弧段逼近非圆曲线时节点的计算方法

用圆弧段逼近非圆曲线,目前常用的算法有曲率圆法、三点圆法和相切圆法等。

下面介绍曲率圆法圆弧逼近的节点计算:

①基本原理　已知轮廓曲线 y = f(x) 如图 3.17 所示,曲率圆法是用彼此相交的圆弧逼近非圆曲线。其基本原理是,从曲线的起点开始,作与曲线内切的曲率圆,求出曲率圆的中心。以曲率圆中心为圆心,以曲率圆半径加（减）$\delta_{允}$ 为半径,所作的圆（偏差圆）与曲线 y = f(x) 的交点为下一个节点,并重新计算曲率圆中心,使曲率圆通过相邻两节点。重复以上计算,即可求出所有节点坐标及圆弧的圆心坐标。

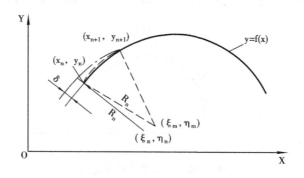

图 3.17　曲率圆法圆弧段逼近

②计算步骤　以曲线起点 (x_n, y_n) 开始作曲率圆

圆心 $\begin{cases} \xi_n = x_n - y_n' \dfrac{1 + (y_n')^2}{y_n''} \\[4mm] \eta_n = y_n + \dfrac{1 + (y_n')^2}{y_n''} \end{cases}$

半径　$R_n = \dfrac{\left[1 + (y_n')^2 \right]^{3/2}}{y_n''}$

偏差圆方程与曲线方程联立求解　$\begin{cases} (x - \xi_n)^2 + (y - \eta_n)^2 = (R_n \pm \delta)^2 \\[2mm] y = f(x) \end{cases}$

得交点 (x_{n+1}, y_{n+1})

求过 (x_n, y_n) 和 (x_{n+1}, y_{n+1}) 两点,半径为 R_n 的圆的圆心

$$\begin{cases} (x - x_n)^2 + (y - y_n)^2 = R_n^2 \\[2mm] (x - x_{n+1})^2 + (y - y_{n+1})^2 = R_n^2 \end{cases}$$

得交点 ξ_m, η_m,该圆即为逼近圆。

重复上述步骤,依次求得其他逼近圆。

3.2.4　列表曲线的数学处理

上述零件轮廓曲线基点或节点的计算方法,都是基于轮廓曲线的方程已知的情况下得到的,如直线、圆、椭圆、抛物线以及二次、三次曲线等。在航天、航空、汽车及其他机器制造工业中,有许多的零件轮廓曲线,如飞机机翼、整流罩、螺旋桨、凸轮样板、各种模具及叶片等,其轮廓形状是通过实验或测量的方法得到。这些通过实验或测量得到的数据,常以列表坐标点的形式给出,而不给出方程,这样的零件轮廓曲线称为列表曲线。

在对列表曲线进行数学处理时,用数学拟合的方法逼近零件轮廓,即根据已知列表点(也称型值点)来推导出用于拟合的数学模型。目前,通常采用二次拟合法对列表曲线进行拟合。第一次先选择直线方程或圆方程之外的其他数学方程来拟合列表曲线,如采用牛顿插值法、三次样条曲线拟合、三次参数样条函数拟合等。然后根据编程允差的要求,在已给定的各相邻列表点之间,按照第一次拟合时的数学方程进行插值加密求得新的节点。插值加密后相邻节点之间,可采用前面介绍的非圆曲线的数学处理方法。

对于用方程式给出的描述零件轮廓的列表曲线,应满足如下要求:

①用方程式描述的零件轮廓的列表曲线必须通过列表点;

②用方程式描述的零件轮廓曲线与列表点给出的曲线凹凸一致,不应在列表点的凹凸性之外再增加新的拐点;

③拟合曲线在方程式的两连接处有连续的一阶或二阶导数,保证曲线光滑。

列表曲线的拟合方法尽管很多,但经过实践及综合分析各种方法后,目前倾向于采用三次参数样条函数对列表曲线进行第一次拟合,然后使用双圆弧样条进行二次逼近的拟合方法。

3.2.5　空间曲面的数学处理

在数控机床上加工可以用数学方程 $z = f(x, y)$ 来描述的空间曲面(如球面、锥面、直纹鞍形面等)时,无论是用行切法还是用多坐标加工,都可以根据曲面方程来计算其加工轨迹。但是大量的空间曲面,如飞机机体、汽车车身、模具的型腔等,这些曲面只有模型、实物或实验数

据,没有描述它们的解析方程。这类曲面在数控加工时,第一步工作就是建立曲面的数学模型。

为了建立曲面的数学模型,首先在工件模型或实物的表面上划出横向和纵向两组特征线,这两组特征线在工件表面上构成网格,这些网格定义了许多小的曲面片,每一块曲面片一般都以四条光滑连续的曲线作为边界,然后相对于某一基准面测定这些网格顶点(即交点或角点)的坐标值。这样,就可以根据这些角点的坐标,对两组曲线和被曲线划分成网格的每块曲面片进行严格的数学描述,从而求出曲面的数学模型,这就是所谓的曲面拟合。

对曲线组与曲面片进行数学描述的方法很多,孔斯(Coons)最早提出了描述曲面的孔斯曲面法,这一方法中描述曲面的矩阵方程要用到网格角点的位置矢量、角点处的切矢及其扭矢,在实际应用中很难给出角点的扭矢,通常简单地取扭矢为零,这样形成的曲面就是弗格森(Ferguson)曲面。为了避免求取角点切矢和扭矢的困难,以后出现了贝赛尔(Bezier)曲面法,Bezier 曲面法用相邻两角点的位置矢量之差来代替切矢,用伯恩斯坦(Bernstein)基函数作为调配函数,于是可以用网格角点的位置矢量来唯一地定义和控制曲面的生成。但是 Bezier 曲面的阶数(次数)与网格顶点数有关,而且难于进行局部修改。由此,以后由里森费尔德(Riesenfeld)等人提出了 B 样条曲面法。它用 B 样条基函数代替伯恩斯坦基函数作为调配函数,B 样条曲面法具有 Bezier 曲面法直观和易于控制形状等优点,而且克服了它的缺点,具有网格顶点数与曲面阶数相互独立和便于局部修改的优点。

上述各种曲面拟合方法所涉及的数学处理知识,可以参阅有关文献,这里不作叙述。有了曲面的数学模型,就可据此进行数控加工时的几何计算了。

思考题与习题

1. 数控加工的数值计算有何意义?
2. 什么是基点? 什么是节点?
3. 基点和节点的计算方法有哪些? 各有什么特点?

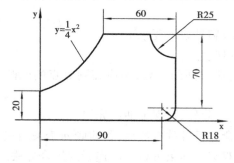

图 3.18　选择合适的铣刀直径

4. 数控加工工艺设计的主要内容有哪些?
5. 铣削如图 3.18 所示零件轮廓,请选择合适的铣刀直径。
6. 加工图 3.19 所示有三个台阶的槽腔零件,试编制数控铣削加工工艺。
7. 如图 3.20 所示零件,试确定 XOY 平面内的孔加工进给路线。
8. 如图 3.21 所示零件,A、B 表面已加工好,试确定加工其他表面的加工工艺及其定位和夹紧方案。
9. 试计算图 3.22、图 3.23、图 3.24 所示零件各基点的坐标值。

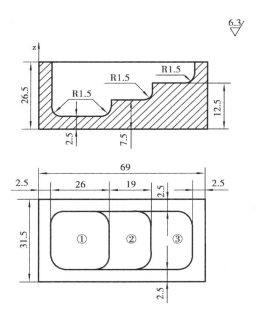

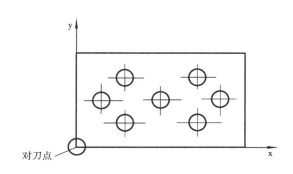

图 3.19　三个台阶的槽腔零件

图 3.20　确定孔加工进给路线

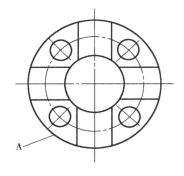

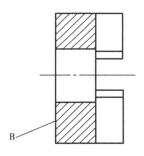

图 3.21　确定定位和夹紧方案

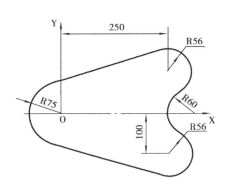

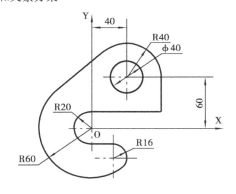

图 3.22　基点计算图形 1

图 3.23　基点计算图形 2

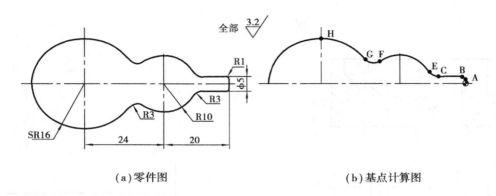

（a）零件图 （b）基点计算图

图 3.24 基点计算图形 3

第 **4** 章
数控车床加工的程序编制

4.1 数控车床编程基础

4.1.1 数控车床的加工特点

数控车床是使用最广泛的数控机床之一,主要用于加工轴类、盘类等回转体零件。它能够通过程序控制自动完成内外圆柱面、锥面、圆弧、螺纹等工序的切削加工,并能进行切槽、钻孔、扩孔、铰孔等加工工作。由于数控车床在一次装夹中能完成多个表面的连续加工,因此提高了加工质量和生产效率,特别适用于复杂形状的回转类零件的加工。现代数控车床具备如下特点:

(1)节省调整时间

1)采用快速夹紧卡盘,从而减少了调整时间;

2)采用快速夹紧刀具和快速换刀机构,减少了刀具调整时间;

3)具有刀具补偿功能,节省了刀具补偿的计算和调整时间;

4)工件自动测量系统节省了测量时间并提高了加工质量;

5)由程序或操作面板输入指令来控制顶尖架的移动,节省了辅助时间。

(2)操作方便

1)采用倾斜式床身有利于切屑流动和调整夹紧压力、顶尖压力和滑动面润滑油的供给,便于操作者操作机床;

2)采用高精度伺服电动机和滚珠丝杠间隙消除装置,使进给机构速度快,并有良好的定位精度;

3)采用数控伺服电动机驱动数控刀架,实现换刀自动化;

4)具有程序存储功能的现代数控车床控制装置,可根据工件形状把粗加工的加工条件附加在指令中,进行内部运算,自动地计算出刀具轨迹。

(3)效率高

1)采用机械手和棒料供给装置既省力又安全,并提高了自动化程度和操作效率。

2)具有复合加工能力,加工合理化和工序集中化的数控车床可完成高速度、高精度的加工,达到复合加工的目的。

4.1.2 数控车床的坐标系统与编程特点

(1)数控车床坐标系统

数控车床的坐标系如图 4.1 所示,其中:(a)为普通数控车床的坐标系统,(b)为带卧式刀塔的数控车床的坐标系统。

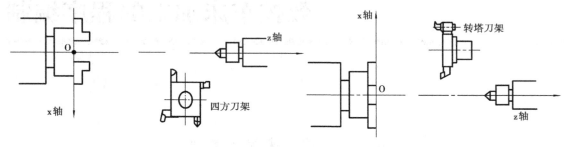

(a)普通数控车床的坐标系统   (b)带卧式刀塔的数控车床的坐标系

图 4.1　数控车床的坐标系

数控车床的机床原点可设为主轴回转中心与卡盘后端面的交点,如图 4.2 所示 O 点。参考点也是机床上一个固定的点,这个点通常用来作为刀具交换的位置,如图中 O′点。

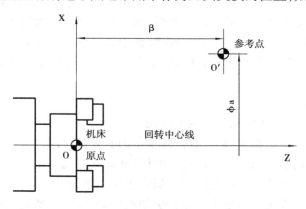

图 4.2　数控车床的机床原点和参考点

数控车床开机时,必须先确定机床参考点。只有机床参考点确定以后,车刀移动才有了依据,否则,不仅仅是编程没有基准,而且还会发生碰撞等事故。

机床参考点的位置由设置在机床 X、Z 向滑板上的机械挡块通过行程开关来确定。当刀架返回机床参考点时,装在 X 向和 Z 向滑板上的两挡块分别压下对应的开关,向数控系统发出信号,停止滑板运动,即完成了返回机床参考点的操作。在机床通电之后,刀架返回参考点之后,不论刀架处于什么位置,CRT 屏幕上都会显示出刀架中心在机床坐标系中的坐标值,即建立了机床坐标系。

机床参考点在以下三种情况下必须设定:1)机床关机以后重新接通电源开关时;2)机床解除急停状态后;3)机床超程报警信号解除之后。在上述三种情况下,数控系统失去了对机床参考点的记忆,因此必须进行返回机床参考点的操作。

(2)数控车床的编程特点

1)绝对坐标编程和增量坐标编程

数控车床的编程允许在一个程序段中,根据图纸标注尺寸,可以是绝对坐标值或增量坐标值编程,也可以是二者的混合编程。绝对坐标编程用 X、Z 表示,增量坐标编程用 U、W 表示。

2)直径编程与半径编程

由于回转体零件图纸尺寸的标注和测量都是直径值,因此,为了提高径向尺寸精度和便于编程与测量,X 向脉冲当量取为 Z 向的一半,故数控车床一般直径方向用绝对值编程时,X 以直径值表示。用增量编程时,以径向实际位移量的 2 倍编程,并附上方向符号(正向省略)。如图 4.3 所示:图中 A 点的坐标值为(30,80),B 点的坐标值为(40,60)。

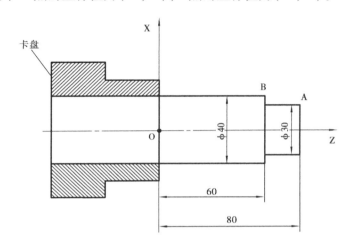

图 4.3　直径编程

3)固定循环功能

由于车削的毛坯多为棒料或锻件,加工余量较大,车削加工多为大余量多次进刀切削。所以数控车床的数控系统常具备多种不同形式的可进行多次重复循环切削的固定循环功能,但不同的数控系统对各种形式的固定循环功能有不同的指令格式。如后面重点介绍的 G90、G94、G92、G70-G76 均为 FANUC 0i 系统的车削固定循环指令。

4)刀具半径补偿

为了提高刀具的使用寿命和降低表面粗糙度,车刀刀尖常磨成半径较小的圆弧,为此当编制圆头车刀程序时需要对刀具半径进行补偿。对具备 G41、G42 自动补偿功能的机床,可直接按轮廓尺寸进行编程,对不具备补偿功能的机床编程时需要人工计算补偿量。

对应每个刀具补偿号,都有一组偏置量 X 和 Z、刀具半径补偿量 R 和刀尖方位号 T。一般情况,可以通过面板上的功能键 OFFSET 来分别设定、修改并存入数控系统中,如图 4.4 所示。

OFFSET	01		O0004	N0030
NO.	X	Z	R	T
01	025,023	002,004	001,002	1
02	021,051	003,300	000,500	3
03	014,730	002,000	003,300	0
04	010,050	006,081	002,000	2
05	006,588	−003,000	000,000	5
06	010,600	000,770	000,500	4
07	009,900	000,300	002,050	0
ACTUAL	POSITION	（RELATIVE）		
	U　22,500		W　−10,000	
W	LSK			

图 4.4　刀具补偿量的设定

5）圆弧顺逆的判断

数控车床加工在使用圆弧插补指令 G02、G03 时,圆弧顺逆的判断方法如图 4.5 所示。

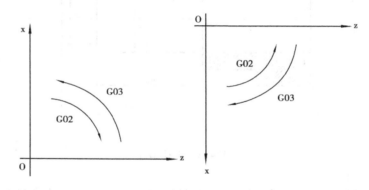

图 4.5　圆弧顺逆的判断

4.2　FANUC 数控系统常用编程指令及用法

4.2.1　FANUC 系统数控车床的常用编程指令

数控车床的编程指令除第 2 章介绍的 G00、G01 等通用 G、M、S 功能指令外,还有一些其他的常用指令,下面以 FANUC 0i 系统为主介绍其用法。

（1）T 功能

T 功能指令用于选择加工所用刀具。

编程格式：T＿＿＿＿

T 后面通常跟四位数字,前两位是刀具号,后两位是刀具补偿号,或是刀尖圆弧半径补偿号。T 后面也有跟两位数表示所选择的刀具号码。

例:T0303 表示选用 03 号刀具,刀具的长度补偿或刀尖圆弧半径补偿代码为 03 号。
T0300 表示取消 03 号刀具的刀具补偿值。

(2)G 功能(准备功能)

FANUC 0i 数控车系统 G 功能指令如表 4.1 所示。

表 4.1 FANUC 0i 系统 G 功能一览表

G 代码	组别	功　能	程序格式及说明
G00	01	快速定位	G00 X__Z__;
G01		直线插补	G01 X__Z__F__;
G02		顺时针圆弧插补	G02/G03 X__Z__R__F__;
G03		逆时针圆弧插补	G02/G03 X__Z__I__K__F__;
G04	00	暂停	G04 X__;G04 U__;G04 P__;
G09		停于精确的位置	
G20	06	英制输入	
G21		公制输入	
G22	04	内部行程限位　有效	
G23		内部行程限位　无效	
G27	00	检查参考点返回	G27 X__Z__;
G28		参考点返回	G28 X__Z__;
G29		从参考点返回	
G30		回到第二参考点	G30 P2 X__Z__;
G32	01	螺纹切削	G32 X__Z__F__;
G40	07	取消刀尖半径补偿	G40;
G41		刀尖半径左补偿	G41 G01 X__Z__;
G42		刀尖半径右补偿	G42 G01 X__Z__;
G50	00	修改工件坐标;设置主轴最高转速	G50 X__Z__; G50 S__;
G52		设置局部坐标系	G52 X__Z__;
G53		选择机床坐标系	G53 X__Z__;
G54	14	选择工件坐标系 1	
G55		选择工件坐标系 2	
G56		选择工件坐标系 3	
G57		选择工件坐标系 4	
G58		选择工件坐标系 5	
G59		选择工件坐标系 6	

续表

G 代码	组别	功　能	程序格式及说明
G70	00	精车循环	G70 P__Q__;
G71		内/外径粗车循环	G71 U__R__; G71 P__Q__U__W__F__;
G72		端面粗车循环	G72 W__R__; G72 P__Q__U__W__F__;
G73		多重复合循环	G73 U__W__R__; G73 P__Q__U__W__F__;
G74		端面切槽循环	G74 R__; G74 X(U)__Z(W)__P__Q__R__F__;
G75		径向切槽循环	G75 R__; G75 X(U)__Z(W)__P__Q__R__F__;
G76		螺纹复合循环	G76 P__Q__R__; G76 X(U)__Z(W)__R__P__Q__F__;
G80	10	取消固定循环	
G83		钻孔循环	
G84		攻丝循环	
G85		正面镗孔循环	
G87		侧面钻孔循环	
G88		侧面攻丝循环	
G89		侧面镗孔循环	
G90	01	内/外圆切削循环	G90 X__Z__F__; G90 X__Z__R__F__;
G92		螺纹切削循环	G92 X__Z__F__; G92 X__Z__R__F__;
G94		端面切削循环	G94 X__Z__F__; G94 X__Z__R__F__;
G96	12	恒线速度	
G97		恒转速	
G98	05	每分钟进给	
G99		每转进给	

1）英制数据输入与公制数据输入指令：G20、G21

如果一个程序段开始用 G20 指令，则表示程序中相关数据为英制（in）；如果一个程序段开始用 G21 指令，则表示程序中相关的一些数据为公制（mm）。机床出厂时一般设定为 G21 状态，机床刀具各参数以公制单位设定。两者不能同时使用，停机断电后 G20、G21 仍起作用，除非再重新设定。

2）G27 回参考点检验指令：G27

编程格式:G27　X(U)__Z(W)__T0000;

X(U)、Z(W)为参考点的坐标,该指令用于检查 X 轴与 Z 轴是否正确返回参考点。但执行 G27 指令的前提是机床在通电后必须返回过一次参考点。如果定位结束后检测到开关信号指令正确,参考点的指示灯亮,说明滑板正确回到了参考点的位置;如果检测到的信号不正确,系统报警。

3)自动返回参考点指令:G28

编程格式:G28　X(U)__Z(W)__T0000;

X(U)、Z(W)为中间点坐标值。执行该指令时,刀具先快速移动到中间点位置,然后自动回到参考点。到达参考点后,相应的坐标指示灯亮,如图 4.6 所示。值得注意的是,使用 G27、G28 指令时,必须预先取消补偿量值(T0000),否则会发生不正确的动作。

4)从参考点返回指令:G29

编程格式:G29　X(U)__Z(W)__;

执行该指令后各轴由中间点移动到指令中的位置处定位。其中 X(U)、Z(W)为返回目标点的绝对坐标或增量坐标。

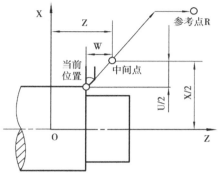

图 4.6　自动返回参考点

4.2.2　车削加工固定循环功能指令

(1)单一固定循环功能的使用

固定循环就是计算机系统接受固定赋值或参数赋值,然后内部进行计算和逻辑判断,计算出加工轨迹坐标,并循环执行。固定循环是预先编成宏程序并固化在计算机存储器内,在程序中使用固定循环是对宏程序调用赋值的过程。固定循环功能是数控车床具有的特殊功能,若能恰当地使用固定循环功能编制程序,可免去许多复杂的计算过程,而且也可以简化程序。

数控车床的固定循环功能包括外圆切削固定循环(G90)、螺纹切削固定循环(G92)和端面切削固定循环(G94)。

1)外圆车削固定循环指令:G90

外圆车削固定循环分为车削普通外圆和车削圆锥外圆两种情况。

编程格式为:普通外圆车削固定循环:G90　X(U)__　Z(W)__　F__;

锥面外圆车削固定循环:G90　X(U)__　Z(W)__　R__　F__;

如图 4.7 所示,普通外圆车削循环,刀尖从起始点 A 开始,按 1(R)、2(F)、3(F)、4(R)顺序循环,最后又回到起点。图中虚线表示刀具快速移动,实线表示 F 指令的工进速度移动。X、Z 为圆柱面切削终点的绝对坐标值,U、W 为圆柱面切削终点相对循环起点的增量坐标值。

如图 4.8 所示为车削外圆锥面的固定循环,刀尖从起始点 A 开始,按 1(R)、2(F)、3(F)、4(R)顺序循环,最后又回到起始点。R 是锥度大、小端的半径差,用增量坐标表示,当沿轨迹使锥度值(即 R 的绝对值)增大的方向与 X 轴正向一致时,R 取正号,反之取负号。图中 R 为负值。

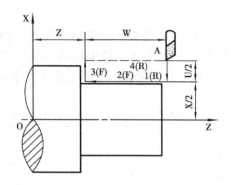

图 4.7　外圆切削循环

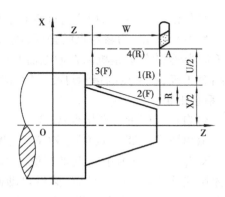

图 4.8　外圆锥面循环

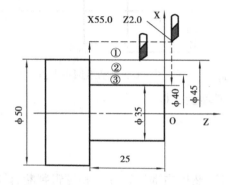

图 4.9　外圆切削循环举例

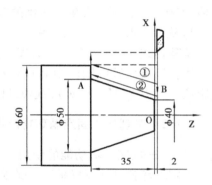

图 4.10　外圆锥面车削循环举例

例 1　加工如图 4.9 所示的外圆,其程序如下:

O0450;

N0005　T0101;

N0010　G97　S650　M03;

N0015　G00　X55.0　Z2.0　M08;

N0020　G99　G90　X45.0　Z-25.0　F0.35;

N0025　X40.0;

N0030　X35.0;

N0035　G00　X200.0　Z200.0　T0100　M09;

N0040　M02;

加工如图 4.10 所示的外圆,其程序如下:

O0460;

……

N0065　G00　X65.0　Z2.0　F0.3;

N0070　G90　X60.0　Z-35.0　R-5.0;

N0075　X50.0;

N0080　G00　X200.0　Z200.0;

……

2）螺纹车削固定循环指令：G92

螺纹车削固定循环的指令格式分为车削圆柱螺纹和车削圆锥螺纹两种情况。

圆柱螺纹车削的编程格式为：G92　X(U)__Z(W)__F__；

如图 4.11(a)所示，刀尖从起始点 A 开始，按 1、2、3、4 顺序循环，2(F)表示工进，1(R)、3(R)、4(R)表示刀具快速移动，F 为螺纹的导程，其余参数与前面相同。

车削圆锥螺纹的编程格式为：G92　X(U)__Z(W)__R__F__；

如图 4.11(b)所示，刀尖从起始点 A 开始，按 1、2、3、4 顺序循环，2(F)表示工进，1(R)、3(R)、4(R)表示刀具快速移动，F 为螺纹的导程，其余参数与前面相同。

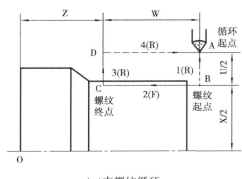
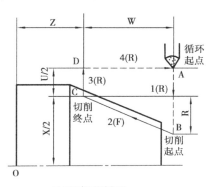

（a）直螺纹循环　　　　　　　　　　（b）锥螺纹循环

图 4.11　螺纹切削固定循环

例 2　加工如图 4.12 所示的圆柱螺纹（螺纹导程为 3.5），其程序如下：

O1231

N0005　T0101；

N0010　G97　S500　M03；

N0015　G00　X35.0　Z104.0　M08；

N0020　G99　G92　X29.2　Z54.0　F3.5；

N0025　X28.6；

N0030　X28.2；

N0035　X28.04；

N0040　G00　X200.0　T0100　M09；

N0045　Z200.0

N0050　M02；

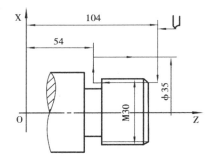

图 4.12　圆柱螺纹切削循环

值得注意的是，在螺纹加工起始时有一个加速过程，结束前有一个减速过程。在这两个过程中，螺距不可能保持恒定，因此加工螺纹时，两端必须设置足够的加、减速退刀段。一般加速进刀段取 2P～3P，减速退刀段取 1P～2P，P 为螺纹导程。

3）端面车削固定循环指令：G94

格式为：G94　X(U)__Z(W)__F__　　　　（加工端平面）

　　　　　G94　X(U)__Z(W)__R__F__　　（加工圆锥端面）

式中：坐标 X(U)、Z(W)的用法与直线切削固定循环相同，R 是锥度大、小端的半径差。

端面切削固定循环如图 4.13 所示。

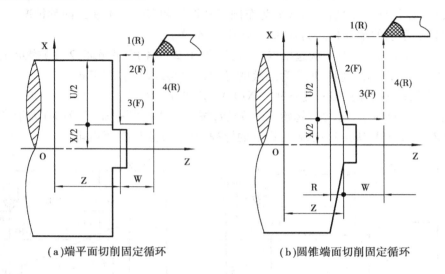

（a）端平面切削固定循环　　　　　　（b）圆锥端面切削固定循环

图 4.13　端面切削固定循环

值得注意的是，G90、G92 和 G94 都是模态 G 代码，当这些代码被同组的其他代码（G00、G01 等）取代前，如果程序中又出现了 M 代码，那么数控系统会将 G90、G92、G94 代码重新执行一遍，然后才执行 M 功能。例如：

N100　　G90　　U－50.0　　W－20.0　　F0.3；

N105　　M00；

当程序执行到 N105 程序段时，先重复执行 N100 程序段，然后再执行 M00 指令。如果改为下面的程序，就可以避免上面的情况：

N100　　G90　　U－50.0　　W－20.0　　F0.3；

N105　　G00　　M00；

在 N105 程序段中的增加 G00 代码只是为了取消 G90 状态，其实并不执行任何动作。

（2）复合固定切削循环

数控车床复合固定循环指令，与前述单一形状固定循环指令一样，它可以用于必须重复多次加工才能达到规定尺寸的典型工序。主要用于铸、锻毛坯的粗车，尺寸变化较大的阶梯轴的车削加工及螺纹加工。利用复合固定循环功能，只要给出最终精加工路径、循环次数和每次加工余量，机床能自动决定粗加工时的刀具路径。在 FANUC 0i 系统中，G70～G76 为复合固定循环指令，其中 G70 是 G71、G72、G73 粗加工后的精加工指令，G74 是深孔钻削固定循环指令，G75 是切槽固定循环指令，G76 是螺纹加工固定循环指令。

1）外圆粗车循环指令：G71

编程格式如下：

G71　　U（Δd）　　R（e）；

G71　　P（ns）　　Q（nf）　　U（ΔU）　　W（ΔW）　　F（f）　　S（s）　　T（t）；

外径粗车固定循环 G71 适用于毛坯料粗车外径和粗车内径。如图 4.14 所示为粗车外径的加工路径。图中 C 是粗加工循环的起点，A 是毛坯外径与端面轮廓的交点。只要在程序中，给出 A→A′→B 之间的精加工形状及径向精车余量 ΔU/2、轴向精车余量 ΔW 及每次切削深度 Δd，即可完成 AA′BA 区域的粗车加工。

G71 指令中各个地址字的含义分别表示如下：

Δd：为每次径向背吃刀量（半径值）；

e：为每次切削循环的径向退刀量；

ns：指定工件由 A′点到 B 点的精加工路线的第一个程序段的顺序号；

nf：指定工件由 A′点 B 点的精加工路线的最后一个程序段的顺序号；

ΔU：为 X 方向上的精车余量（直径值）；

ΔW：为 Z 方向上的精车余量。

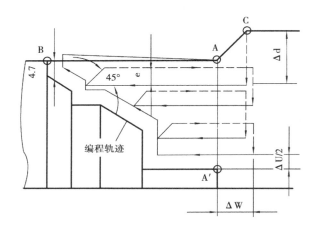

图 4.14　外圆粗车循环 G71

当用 G71 指令加工工件内径轮廓时，G71 能自动成为内径粗车循环，但此时径向精车余量 ΔU 应指定为负值。

在 FANUC 0i 系统中，G71 车削加工有两种粗车循环：类型 I 和类型 II。使用类型 I，不能车削凹槽。编程时，在精加工路线的第一个程序段 ns 里必须为 G00/G01 指令，且不能指定 Z 轴的运动（即不能有 Z 或 W 坐标），A′B 之间的刀具轨迹在 X、Z 方向必须单调增加或减少；在类型 II 中，精加工路线的第一个程序段 ns 里须为 G00/G01 指令，且必须指定 X、Z 轴的运动，A′B 之间的刀具轨迹在 X 方向外形轮廓不必单调递增或单调递减，并且最多可以加工 10 个凹槽，但是，要注意，沿 Z 轴的外形轮廓必须单调递增或递减。

例如：　类型 I

......

G71 U10.0 R5.0;

G71 P100 Q200......;

N100 G01 X(U)__F__;

......

N200......;

......

类型 II

......

G71 U10.0 R5.0;

G71 P100 Q200......;

N100 G01 X(U)__Z(W)__F__;

......

N200......;

......

例3 编写图 4.15 所示零件的数控加工程序

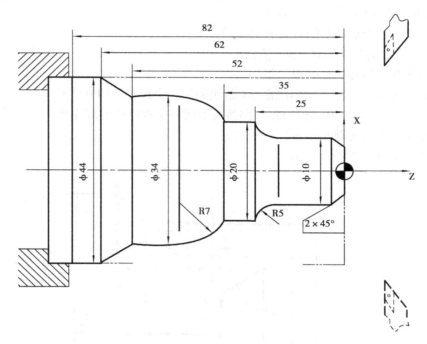

图 4.15 外圆粗车循环示例

O1232；

N10 T0101；

N20 G97 G99 M03 S800；

N30 G00 X50.0 Z5.0；

N40 G71 U1.5 R1.0；

N50 G71 P60 Q170 U0.3 W0.1 F0.15；

N60 G00 X0.0 Z2.0；

N70 G01 Z0.0 F0.1；

N80 X6.0；

N90 X10.0 Z－2.0；

N100 Z－20.0；

N110 G02 X20.0 Z－25.0 R5.0；

N120 G01 Z－35.0；

N130 G03 X34.0 Z－42.0 R7.0；

N140 G01 Z－52.0；

N150 X44.0 Z－62.0；

N160 Z－82.0；

N170 X45.0；

N180 G00 X100.0 Z100.0；

N190 M02；

2）端面车削固定循环指令：G72

编程格式如下：

G72 W（Δd）　R（e）；

G72 P（ns）Q（nf）U（Δu）W（Δw）F（f）S（s）T（t）；

如图 4.16 所示，G72 指令的含义与 G71 相同，不同之处是刀具平行于 X 轴方向切削，它是从外径方向往轴心方向切削端面的粗车循环，该循环方式适于圆柱棒料毛坯端面方向粗车。其中 Δd 为 Z 向每次进刀量。

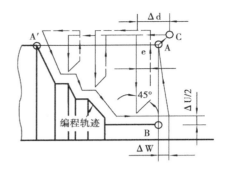

图 4.16　端面粗车循环 G72

注意：使用 G72 指令时，在精加工路线的第一个程序段 ns 里必须为 G00/G01 指令，只能沿 Z 轴方向进给，不能指定 X 轴的运动（即不能有 X 或 U 坐标），A′B 之间的刀具轨迹在 X、Z 方向必须单调递增或递减。

例 4　编写图 4.17 所示零件的数控加工程序

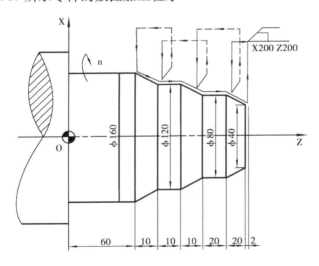

图 4.17　端面粗车循环示例

O1233；

N10 T0101；

N20 G97 G99 M03 S800；

N30 G00 X200.0 Z200.0

N40 G72 W3.0 R0.5；

N50 G72 P60 Q130 U2.0 W0.5 F0.2；

N60 G00 Z60.0

N70 G01 X160.0 F0.15；

N80 G01 X120.0 Z70.0；

N90 Z80.0；

N100 X80.0 Z90.0；

N110 Z110.0；

N120 X40.0 Z130.0;

N130 X36.0 Z132.0;

N140 G00 X200.0 Z200.0;

N150 M02;

3）成型加工复合循环指令：G73

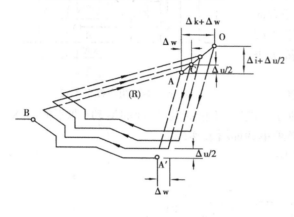

图4.18　固定形状粗车循环 G73

编程格式为：

G73　U(Δi) W(Δk) R(d);

G73　P(ns) Q(nf) U(Δu) W(Δw) F(f)
S(s) T(t);

这种循环方式适合于加工成型铸造或锻造的工件毛坯，因为此种毛坯的粗加工余量比用棒料直接粗车的余量要小得多，毛坯形状和零件形状基本接近，用该指令可节省加工时间，如图4.18所示。

G73 指令中各个地址字的含义分别表示如下：

Δi：为 X 轴上的总退刀量（半径值）；

Δk：为 Z 轴上的总退刀量；

d：为重复加工的次数；

ns：指定工件由 A′点到 B 点的精加工路线的第一个程序段的顺序号；

nf：指定工件由 A′点 B 点的精加工路线的最后一个程序段的顺序号；

Δu：为 X 方向上的精车余量（直径值）；

Δw：为 Z 方向上的精车余量。

例5　编写图4.19 所示零件的数控加工程序，零件毛坯为锻件

O1234;

N01 T0101;

N20 G97 G99 M03 S1000;

N30 G00 G42 X140.0 Z40.0 M08;

N40 G73 U10.0 W10.0 R4;

N50 G73 P60 Q120 U1.0 W0.5 F0.3;

N60 G00 X20.0 Z0.0;

N70 G01 Z−20.0 F0.15;

N80 X40 Z−30.0;

N90 Z−50.0;

N100 G02 X80.0 Z−70.0 R20;

N110 G01 X100.0 Z−80.0;

N120 X105.0;

N130 G00 X200.0 Z200.0;

N140 M02;

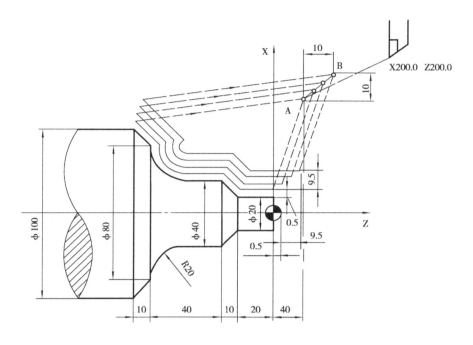

图 4.19　固定形状粗车循环示例

4）精车循环指令：G70

编程格式为：

G70　P(ns)　Q(nf)；

当用 G71、G72、G73 指令对工件进行粗加工之后，可以 G70 指令完成精车循环。即让刀具按粗车循环指令的精加工路线，切除粗加工后留下的余量。

ns 为指定精加工路线的第一个程序段的顺序号，nf 为指定精加工路线的最后一个程序段的顺序号。

在精车循环 G70 状态下，ns→nf 程序段中指定的 F、S、T 有效。当 ns→nf 程序段中不指定 F、S、T 时，粗车循环 G71、G72 和 G73 指令中指定的 F、S、T 有效。

在使用复合固定循环指令时要注意：

在顺序号为 ns 到顺序号为 nf 的精加工程序段中，不能调用子程序。

例6　编写图 4.15 所示零件的数控粗、精车加工程序

O1235；

……

N180 G70 P60 Q170；

N190 G00 X100.0 Z100.0；

N200 M02；

5）端面啄式钻孔循环指令：G74

编程格式为：

G74 R(e)；

G74 X(u) Z(w) P(Δi) Q(Δk) R(Δd) F(f)；

该指令刀具动作如图 4.20 所示。本循环可处理断削,如果省略 X(u)及 P(Δi),刀具只在 Z 轴方向动作,可用于钻孔。

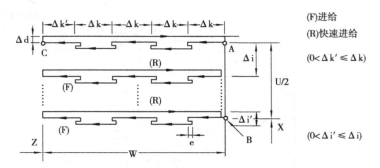

图 4.20 端面啄式钻孔循环

G74 指令中各个地址字的含义分别表示如下:

e:后退量,本参数是状态参数,在另一个值指定前不会改变;

x:B 点的 X 坐标;

u:A 点至 B 点 X 坐标增量;

z:c 点的 Z 坐标;

w:A 点至 C 点 Z 坐标增量;

Δi:X 方向的移动量,用不带符号的半径量表示,单位:μm;

Δk:Z 方向的移动量,用不带符号的量表示,单位:μm;

Δd:在切削底部的刀具退刀量,Δd 的符号一定是(+),但是,如果 X(U)及 ΔI 省略,可用所要的正负符号指定刀具退刀量;

f:进给速度。

例 7 编写图 4.21 所示零件的孔加工程序

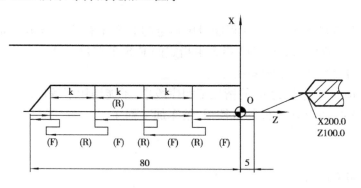

图 4.21 端面啄式钻孔循环示例

O2100;

N10 T0202;

N20 G97 G99 M03 S600;

N30 G00 X0.0 Z1.0;

N40 G74 R1；

N50 G74 Z－80.0 Q20000 F0.1；

N60 G00 X200.0 Z100.0；

N70 M02；

6）外径/内径啄式钻孔循环指令：G75

编程格式为：

G75 R（e）；

G75 X（u）Z（w）P（Δi）Q（Δk）R（Δd）F（f）；

该指令动作如图 4.22 所示,除 X 用 Z 代替外与 G74 相同,本循环可处理断削,可在 X 轴方向割槽及啄式钻孔。

G75 指令中各个地址字的含义分别表示如下：

e：后退量,本参数是状态参数,在另一个值指定前不会改变；

x：B 点的 X 坐标；

u：A 点至 B 点 X 坐标增量；

z：C 点的 Z 坐标；

w：A 点至 C 点 Z 坐标增量；

Δi：X 方向的每次进刀量,用不带符号的半径量表示,单位：μm；

Δk：Z 方向的移动量,用不带符号的量表示,单位：μm；

Δd：在切削底部的刀具退刀量。Δd 的符号一定是（＋）。但是,如果 X（U）及 ΔI 省略,可用所需的正负符号指定刀具退刀量；

f：进给速度。

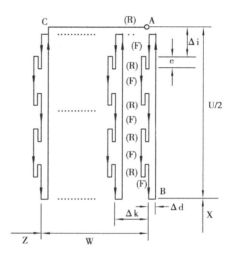

图 4.22 外径/内径啄式钻孔循环

例 8 切断图 4.23 所示零件,编写数控程序。

O2000；

N10 T0202；

N20 G97 G99 M03 S600；

N30 G00 X35.0 Z－50.0；

N40 G75 R1.0；

N50 G75 X－1.0 P5000 F0.1；

N60 G00 X200.0 Z100.0；

N70 M02；

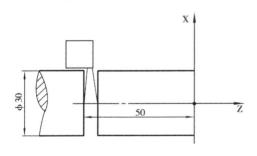

图 4.23 外径/内径啄式钻孔循环示例

7）螺纹切削复合循环指令：G76

编程格式为：

G76 P（m）（r）（a）Q（Δdmin）R（d）；

G76 X（u）Z（w）R（i）P（k）Q（Δd）F（f）；

该指令刀具动作如图 4.24 所示。

G76 指令中各个地址字的含义分别表示如下：

m：精加工重复次数（1 至 99）；

r：倒角量，用两位数表示，00 到 99。当螺距由 L 表示时，可以从 0.0 L 到 9.9 L 设定，单位为 0.1 L；

a：刀尖角度，可选择 80 度、60 度、55 度、30 度、29 度、0 度，用 2 位数指定；

Δdmin：最小切削深度，用不带符号的半径量表示，单位：μm；

m、r、a、Δdmin 是状态参数，在另一个值指定前不会改变；

d：精车余量；

i：螺纹部分的半径差，当 i = 0 时，切削圆柱螺纹；

k：螺纹高度，这个值在 X 轴方向用不带符号的半径量表示，单位：μm；

Δd：第一次的切削深度，用不带符号的半径量表示，单位：μm；

f：螺纹导程（与 G32 同）。

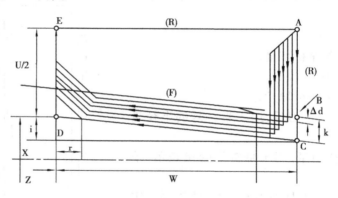

图 4.24　螺纹切削循环

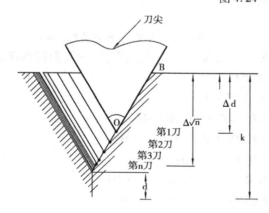

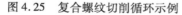

图 4.25　复合螺纹切削循环示例

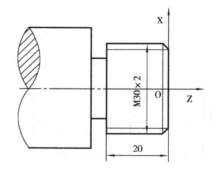

图 4.26　螺纹加工编程实例

例 9　编写如图 4.26 所示圆柱螺纹（螺距为 2 mm）的加工程序如下：

G76 P020060 Q100 R0.1；

G76 X27.84 Z−22.0 R0 P1080Q500 F2；

……

8）复合循环运用举例

例 10 G72 与 G70 复合固定循环编程示例

加工如图 4.27 所示零件,其毛坯为棒料。工艺设计规定:粗加工时切深为 1.5 mm,进给速度 0.3 mm/r,主轴转速 500 r/min;精加工余量为 0.3 mm(直径上),z 向 0.1 mm,进给速度为 0.15 mm/r,主轴转速 800 r/min。程序设计如下:

O1234

N01 T0101;

N02 G97 G99 G00 X160.0 Z180.0 M03 S800;

N03 G71 U1.5 R1.0;

N04 G71 P05 Q11 U0.3 W0.1 F0.3;

N05 G00 X40.0;

N06 G01 W - 40.0 F0.15;

N07 X60.0 W - 30.0;

N08 W - 20.0;

N09 X120.0 W - 10.0;

N10 W - 20.0;

N11 X140.0 W - 20.0;

N12 G70 P05 Q11;

N13 G00 X200.0 Z220.0;

N14 M05;

N15 M30;

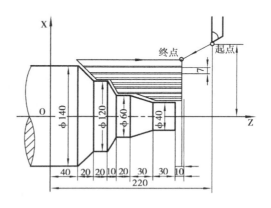

图 4.27 G71 与 G70 复合固定循环

刀具快速从起点(X200.0,Z220.0)运动至 X160.0,Z180.0 点处,从 N03 程序段开始进入 G71 固定循环,并指令粗车循环参数(F,S),规定了粗车(最后一刀)应留给精加工的加工余量(U0.3W0.1),粗加工切削深度(U1.5)及"通知"控制系统如何计算(从 N05 至 N11 程序段)循环过程中的运动路线。N12 程序段是用 G70 指令的精加工循环程序,指令刀具在精加工轮廓尺寸时,按 P05 至 Q11 程序段运动指令确定。

例 11 G72 与 G70 复合固定循环编程示例

加工如图 4.28 所示零件,其毛坯为棒料,工艺设计规定与上例相同。程序设计如下:

O1234

N01 T0101;

N02 G97 G99 G00 X170.0 Z132.0 M03 S800;

N03 G72 W1.5 R1.0;

N04 G72 P05 Q12 U0.3 W0.1 F0.3;

N05 G00 W0.0;

N06 G01 X160;

N07 W60.0;

N08 X120.0 W10.0;

N09 W10.0;

N10 X80.0 W10.0;

N11 W20.0;

N12 X36.0 W22.0;

N13 G70 P05 Q12;

N14 G00 X220.0 Z190.0;

N15 M05;

N16 M30;

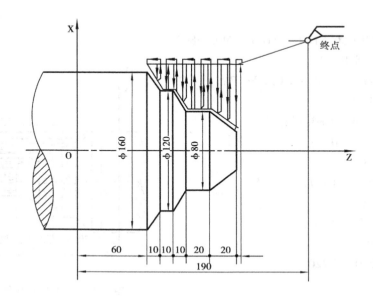

图 4.28　G72 与 G70 复合固定循环

例 12　G73 与 G70 复合固定循环编程示例

加工如图 4.29 所示零件,其毛坯为锻件。工艺设计规定:粗加工分三刀进行,第一刀留给后两刀加工单边余量(xz 向)均为 14 mm,进给速度 0.3 mm/r,主轴转速 800 r/min;精加工余量 x 向为 0.3 mm(直径上),z 向 0.1 mm,进给速度为 0.15 mm/r,主轴转速 800 r/min。程序设计如下:

O1234

N01 T0101;

N02 G97 G99 G00 X220.0 Zl60.0 M03 S800;

N03 G73 U14.0 W14.0 R7;

N04 G73 P05 Q10 U0.3 W0.1 F0.3;

N05 G00 X80.0 W－40.0;

N06 G01 W－20.0 F0.15 S800;

N07 X120.0 W－10.0;

N08 W－20.0;

N09 G02 X160.0 W－20.0 R20.0;

N10 G01 X180.0 W－10.0;

N11 G70 P05 Q10;

N12 G00 X260.0 Z220.0;

N13 M05;

N14 M30;

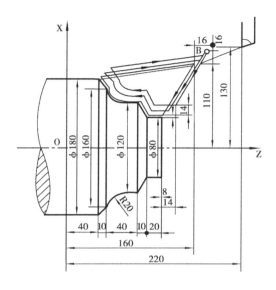

图 4.29　G73 与 G70 复合固定循环

4.2.3　数控车床编程实例

编制图 4.30 所示零件的加工程序。工艺条件:工件材质为 45#钢;毛坯为直径 φ54 mm,长 200 mm 的棒料;刀具选用:1 号端面刀加工工件端面,2 号端面外圆刀粗加工工件轮廓,3 号端面外圆刀精加工工件轮廓,4 号外圆螺纹刀加工双头螺纹。

（1）**工艺分析**

1）技术要求

如图所示:M20 螺纹为双头螺纹,其导程为 2 mm,螺距为 1 mm。

2）加工工艺的确定

①装夹定位的确定

三爪卡盘与顶尖定位并夹紧,工件前端面距卡爪端面距离 150 mm。

②加工起点、换刀点及工艺路线的确定

由于工件较小,另外为了加工路径清晰,加工起点与换刀点可以设为同一点。其位置的确定原则为:该处方便拆卸工件,不发生碰撞,空行程不长等,特别注意尾座对 Z 轴位置的限制。故放在 Z 向距工件前端面 100 mm,X 向距轴心线 50 mm 的位置。

首先通过复合循环指令,用端面车刀加工端面,用外圆粗加工车刀加工工件外形轮廓,并保留 0.3 mm 精加工余量;再用外圆精加工车刀将外形轮廓加工到尺寸。最后用公制螺纹车刀分两次加工 M24 双头螺纹的牙型。

③加工刀具的确定

外圆及端面车刀四把,刀具主偏角 93°,副偏角 57°;公制螺纹车刀,刀尖角 60°（最好用可转位机夹车刀）。

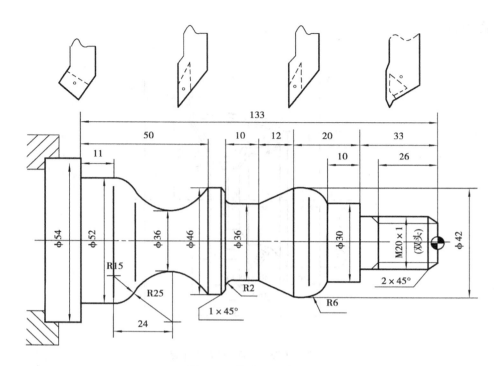

图 4.30 综合编程实例

④切削用量

外圆和端面加工时：主轴转速 800 r/min，粗加工进给速度 0.15 mm/r，精加工进给速度 0.05 mm/r；螺纹加工时：主轴转速 500 r/min。

螺纹用复合循环分两次加工双头螺纹工。

（2）**数学计算**

①以工件右端面与轴线的交点为程序原点，建立工件坐标系。

②计算各节点位置坐标值。

（3）**编制程序**

O3346；

N1 T0101；	换一号端面车刀
N2 G97 M03 S800；	主轴以 800 r/min 正转
N3 G00 X60.0 Z5.0；	到端面车削循环起点位置
N4 G99 G94 X0 Z1.5 F0.15；	端面循环，加工过长毛坯
N5 G94 X0 Z0；	端面循环加工，加工过长毛坯
N6 G00 X100.0 Z80.0；	到程序起点或换刀点位置
N7 T0202；	换二号外圆粗加工车刀
N8 G00 X60.0 Z3.0；	到简单外圆循环起点位置
N9 G71 U1.5 R1.0；	外径粗切复合循环加工
N10 G71 P15 Q31 U0.3 W0.1 F0.15；	
N11 G00 X100.0 Z80.0；	粗加工后，到换刀点位置
N12 T0303；	换三号外圆精加工车刀

N13 G00 G42 X60.0 Z3.0；　　　　　　　　到精加工起点,加入刀尖圆弧半径补偿

N14 G70 P15 Q31　　　　　　　　　　　　精加工循环

N15 G01 X16.0 Z2.0 F0.05；　　　　　　　精加工轮廓开始,到倒角延长线处

N16 X19.95 Z – 2.0；　　　　　　　　　　精加工 2×45°倒角

N17 Z – 33.0；　　　　　　　　　　　　　精加工螺纹外径

N18 G01 X30.0；　　　　　　　　　　　　精加工 Z = – 33 处端面

N19 Z – 43.0；　　　　　　　　　　　　　精加工 φ30 外圆

N20 G03 X42.0 Z – 49.0 R6.0；　　　　　　精加工 R6 圆弧

N21 G01 Z – 53.0；　　　　　　　　　　　精加工 φ42 外圆

N22 X36.0 Z – 65.0；　　　　　　　　　　精加工锥面

N23 Z – 73.0；　　　　　　　　　　　　　精加工 φ36 槽径

N24 G02 X40.0 Z – 75.0 R2.0；　　　　　　精加工 R2 过渡圆弧

N25 G01 X44.0；　　　　　　　　　　　　精加工 Z = – 75 处端面

N26 X46.0 Z – 76.0；　　　　　　　　　　精加工 l×45°倒角

N27 Z – 84.0；　　　　　　　　　　　　　精加工 φ46 槽径

N28 G02 Z – 113.0 R25.0；　　　　　　　　精加工 R25 圆弧凹槽

N29 G03 X52.0 Z – 122.0 R15.0；　　　　　精加工 R15 圆弧

N30 G01 Z – 133.0；　　　　　　　　　　　精加工 φ52 外圆

N31 X55.0；　　　　　　　　　　　　　　退出已加工表面,精加工轮廓结束

N32 G00 G40 X100.0 Z80.0；　　　　　　　取消半径补偿,返回换刀点位置

N33 M05；　　　　　　　　　　　　　　　主轴停

N34 T0404；　　　　　　　　　　　　　　换四号螺纹车刀

N35 M03 S500；　　　　　　　　　　　　　主轴以 500 r/min 正转

N36 G00 X30.0 Z5.0；　　　　　　　　　　到双头螺纹第 1 循环起点位置

N37 G76 P010160 Q100 R0.05；　　　　　　用复合循环加工双头螺纹

N38 G76 X18.7 Z – 20.0 R0 P650 Q400 F2

N39 G00 X30.0 Z6.0　　　　　　　　　　　到螺纹循环第 2 起点位置

N40 G76 P010160 Q100 R0.05；　　　　　　用复合循环加工双头螺纹

N41 G76 X18.7 Z – 20.0 R0 P650 Q400 F2；

N42 G00 X100.0 Z80.0　　　　　　　　　　返回程序起点位置

N43 M30　　　　　　　　　　　　　　　　主轴停、主程序结束并返回程序首行

4.3　华中数控系统车削加工编程

华中数控系统是国产数控系统中应用比较广泛的一种,其基本编程指令和 FANUC 系统相同,主要区别在于固定循环指令,下面介绍华中数控系统的常用固定循环指令。

4.3.1　固定循环

循环指令分固定循环和复合循环,其中固定循环有三类,分别是:

内(外)径切削循环指令 G80;端面切削循环指令 G81;螺纹切削循环指令 G82。

(1)内(外)径切削循环:G80

1)圆柱面内(外)径切削循环

编程格式:G80 X(U)__Z(W)__F__

该指令执行如图 4.31 所示 A→B→C→D→A 的轨迹动作。

图形中 U、W 表示程序段中 X、Z 字符的相对值;X、Z 表示绝对坐标值;R 表示快速移动;F 表示以指定速度 F 工进。

X、Z 在绝对值编程时(G90)为切削终点 C 在工件坐标系下的坐标,在增量值编程时(G91)为切削终点 C 相对于循环起点 A 的有向距离,图形中用 U、W 表示,其符号由轨迹 1 和 2 的方向确定。

华中数控车削系统也可用 G91 设定相对(增量)坐标编程,例:G91 G01 X100 Z100 F100,其中 X、Z 为增量值。

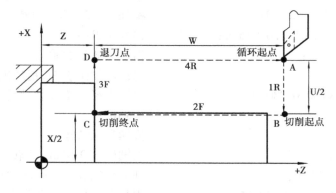

图 4.31　圆柱面内(外)径切削循环

2)圆锥面内(外)径切削循环:G80

编程格式:G80 X(U)__Z(W)__I__F__

该指令执行如图 4.32 所示 A→B→C→D→A 的轨迹动作。

式中 X、Z、U、W 含义与前相同;I 为切削起点 B 与切削终点 C 的半径差。

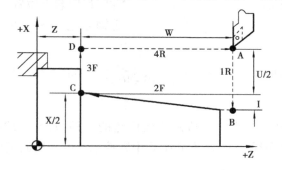

图 4.32　圆锥面内(外)径切削循环

（2）**端面切削循环**：G81

1）端平面切削循环

编程格式：G81 X（U）__Z（W）__F__

该指令执行如图 4.33 所示 A→B→C→D→A 的轨迹动作。

2）圆锥端面切削循环

编程格式：G81 X（U）__Z（W）__K__F__

该指令执行如图 4.34 所示 A→B→C→D→A 的轨迹动作。式中 K 为切削起点 B 相对于切削终点 C 的 Z 向有向距离。

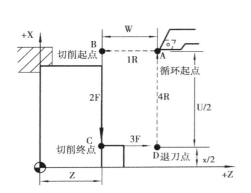

图 4.33　端平面切削循环

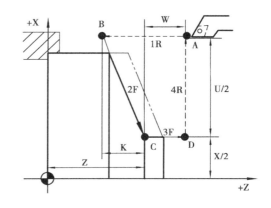

图 4.34　圆锥端面切削循环

（3）**螺纹切削循环**：G82

1）圆柱螺纹切削循环

编程格式：G82 X（U）__Z（W）__R__E__C__P__F__

该指令执行图 4.35 所示 A→B→C→D→A 的轨迹动作。

式中 X、Z、U、W 含义与 G80 相同；

R、E：螺纹切削的退尾量，R、E 均为向量，R 为 Z 向回退量；E 为 X 向回退量，R、E 可以省略，表示不用回退功能；

C：螺纹头数，为 0 或 1 时切削单头螺纹；

P：单头螺纹切削时，为主轴基准脉冲处距离切削起始点的主轴转角（缺省值为 0）；多头螺纹切削时，为相邻螺纹头的切削起始点之间对应的主轴转角；

F：螺纹导程。

注意：螺纹切削循环同 G32 螺纹切削一样，在进给保持状态下，该循环在完成全部动作之后才停止运动。

2）锥螺纹切削循环：G82

编程格式：G82 X（U）__Z（W）__I__R__E__C__P__F__

该指令执行图 4.36 所示 A→B→C→D→A 的轨迹动作。

式中各参数与圆柱螺纹切削循环相同；I 为螺纹起点 B 与螺纹终点 C 的半径差。

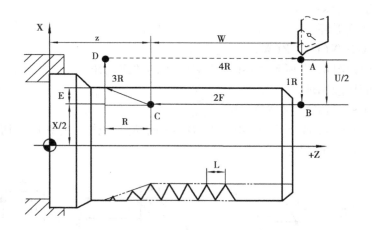

图 4.35　直螺纹切削循环

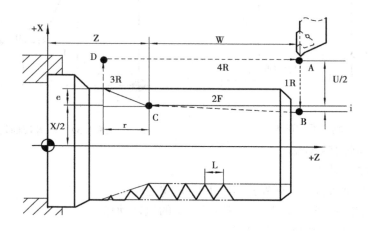

图 4.36　锥螺纹切削循环

4.3.2　复合循环

华中数控车削系统有四类复合循环,分别是:G71:内(外)径粗车复合循环;G72:端面粗车复合循环;G73:封闭轮廓复合循环;G76:螺纹切削复合循环。

运用这些复合循环指令,只需指定精加工路线和粗加工的吃刀量,系统会自动计算粗加工路线和走刀次数。

(1)内(外)径粗车复合循环:G71

无凹槽加工时,编程格式为:

G71　U(Δd)　R(r)　P(ns)　Q(nf)　X(Δx)　Z(Δz)　F(f)　S(s)　T(t)

该指令执行如图 4.37 所示的粗加工和精加工,其中精加工路径为 A→A′→B 的轨迹。

式中:

Δd:切削深度(每次切削量),指定时不加正负号,方向由 Δx 的正负决定,Δx 为正则由外往里,Δx 为负则由里往外;

88

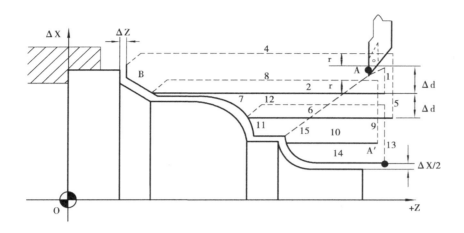

图 4.37　内、外径粗车复合循环

r:每次退刀量;

ns:精加工路径第一程序段的顺序号;

nf:精加工路径最后程序段的顺序号;

Δx:X 方向精加工余量(直径值);

Δz:Z 方向精加工余量;

f,s,t:粗加工时,G71 中编程的 F,S,T 有效,而精加工时处于 ns 到 nf 程序段之间的 F,S,T 有效。

G71 切削循环下,切削进给方向平行于 Z 轴,X(ΔU)和 Z(ΔW)的符号如图 4.38 所示。其中(+)表示沿轴正方向移动,(-)表示沿轴负方向移动。

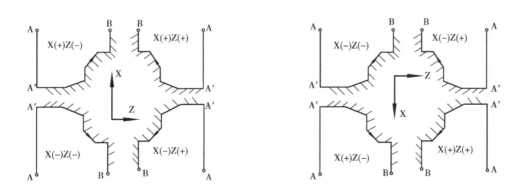

图 4.38　G71 复合循环下 X(ΔU)和 Z(ΔW)的符号

注意:

1)G71 指令必须带有 P,Q 地址 ns,nf,且与精加工路径起、止顺序号对应,否则不能进行该循环加工。

2)ns 的程序段必须为 G00/G01 指令,即从 A 到 A′的动作必须是直线或点定位运动。

3)在顺序号为 ns 到顺序号为 nf 的精加工程序段中,不应包含子程序。

(2)G72 端面粗车复合循环

编程格式:

G72W(Δd)　R(r)　P(ns)　Q(nf)　X(Δx)　Z(Δz)　F(f)　S(s)　T(t)

该循环与 G71 的区别仅在于切削方向平行于 X 轴。该指令执行如图 4.39 所示的粗、精加工循环,式中各参数与 G71 相同。

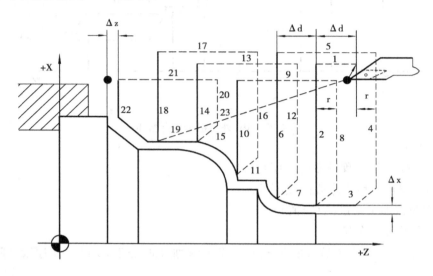

图 4.39　端面粗车复合循环 G72

G72 切削循环下,切削进给方向平行于 X 轴,X(ΔU)和 Z(ΔW)的符号如图 4.40 所示。其中(＋)表示沿轴的正方向移动,(－)表示沿轴负方向移动。

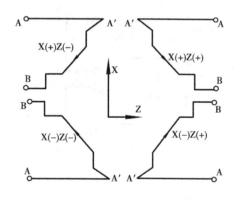 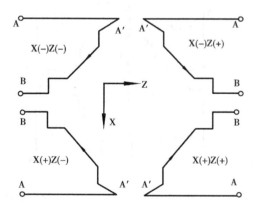

图 4.40　G72 复合循环下 X(ΔU)和 Z(ΔW)的符号

注意:

1)G72 指令必须带有 P,Q 地址,否则不能进行该循环加工;

2)在 ns 的程序段中应包含 G00/G01 指令,且该程序段中不应编有 X 向移动指令;

3)在顺序号为 ns 到顺序号为 nf 的精加工程序段中,不应包含子程序。

（3）闭环车削复合循环：G73

编程格式：

G73　U(ΔI)　W(ΔK)　R(r)　P(ns)　Q(nf)　X(Δx)　Z(Δz)　F(f)　S(s)　T(t)

该功能在切削工件时刀具轨迹为如图 4.41 所示的封闭回路,刀具逐渐进给,使封闭切削回路逐渐向零件最终形状靠近,最终切削成工件的形状,其精加工路径为 A→A′→B。

这种指令能对铸造,锻造等毛坯已初步成形的工件,进行高效率切削。

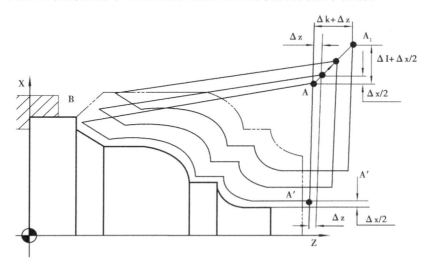

图 4.41　闭环车削复合循环 G73

式中：

ΔI：X 轴方向的粗加工总余量；

Δk：Z 轴方向的粗加工总余量；

r：粗切削次数；

ns：精加工路径第一程序段的顺序号；

nf：精加工路径最后程序段的顺序号；

Δx：X 方向精加工余量（直径值）；

Δz：Z 方向精加工余量；

f,s,t：粗加工时 G73 中编程的 F,S,T 有效,而精加工时处于 ns 到 nf 程序段之间的 F,S,T 有效。

注意：

1）ΔI 和 ΔK 表示粗加工时总的切削量,粗加工次数为 r,则每次 X、Z 方向的切削量为 ΔI/r,ΔK/r；

2）按 G73 段中的 P 和 Q 指令值实现循环加工,要注意 Δx、Δz、ΔI 和 ΔK 的正负号。

（4）G76 螺纹切削复合循环

编程格式：

G76　C(c)　R(r)　E(e)　A(a)　X(x)　Z(z)　I(i)　K(k)　U(d)　V(Δdmin)

Q(Δd)   P(p)   F(L);

螺纹切削固定循环 G76 执行如图 4.42 所示 A→B→C→D→A 加工轨迹。其单边切削及参数如图 4.43 所示。式中：

　　c：精整次数(1~99)，为模态值；

　　r：螺纹 Z 向退尾长度(00~99)(单位 mm)，为模态值；

　　e：螺纹 X 向退尾长度(00~99)(单位 mm)，为模态值；

　　a：刀尖角度(二位数字)，可在 60°,55°,30°,和 0° 等角度中选一个,为模态值；

　　x,z：绝对值编程时,为有效螺纹终点 C 的坐标；增量值编程时,为有效螺纹终点 C 相对于循环起点 A 的有向距离(用 G91 指令定义为增量编程,使用后用 G90 定义为绝对编程)；

　　i：螺纹两端的半径差。如 i=0,为圆柱螺纹切削方式；

　　k：螺纹高度,该值由 x 轴方向上的半径值指定；

　　Δdmin：最小切削深度(半径值)。当第 n 次切削深度($\Delta d\sqrt{n} - \Delta d\sqrt{n-1}$),小于 Δdmin 时,则切削深度设定为 Δdmin；

　　d：精加工余量(半径值)；

　　Δd：第一次切削深度(半径值)；

　　p：主轴基准脉冲处距离切削起始点的主轴转角；

　　L：螺纹导程(同 G32)。

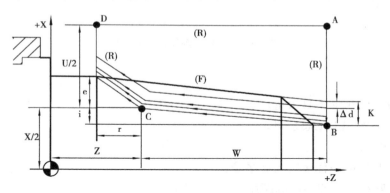

图 4.42　螺纹切削复合循环 G76

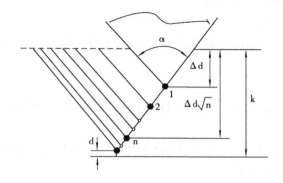

图 4.43　G76 循环单边切削及其参数

注意：

1）按 G76 段中的 X（x）和 Z（z）指令实现循环加工，增量编程时，要注意 u 和 w 的正负号（由刀具轨迹 AB 和 BC 段的方向决定，AB 段取 B 点坐标减 A 点坐标，BC 段取 C 点坐标减 B 点坐标）。

2）G76 循环进行单边切削，减小了刀尖的受力。第一次切削时切削深度为 Δd，第 n 次的切削总深度为 $\Delta d\sqrt{n}$，每次循环的背吃刀量为 $\Delta d(\sqrt{n}-\sqrt{n-1})$。

3）图 4.42 中，B 到 C 点的切削速度由 F 代码指定，而其他轨迹均为快速进给。

复合循环指令使用注意事项：

1）G71，G72，G73 复合循环中地址 P 指定的程序段，应有准备功能 01 组的 G00 或 G01 指令，否则产生报警。

2）在 MDI 方式下，不能运行 G71，G72，G73 指令，可运行 G76 指令。

3）在复合循环 G71，G72，G73 中由 P，Q 指定顺序号的程序段之间，应不包含 M98 子程序调用及 M99 子程序返回指令。

（5）**综合示例**

试编写图 4.44 所示零件的数控加工程序。工件材质为 45#钢；毛坯为直径 $\phi38$ mm，长 100 mm 的棒料；刀具选用：设 1 号刀为外圆车刀，2 号刀为切断刀，3 号刀为螺纹车刀。

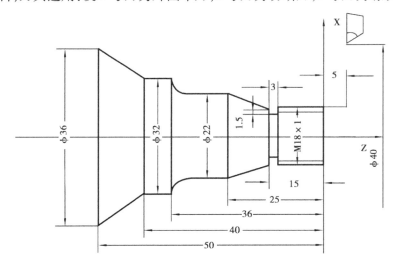

图 4.44 华中综合示例

1）工艺分析

①技术要求。

如图所示：M18 螺纹，其导程为 1 mm，螺距为 1 mm。

②加工工艺的确定。

A. 装夹定位的确定

三爪卡盘与顶尖定位并夹紧，工件前端面距卡爪端面距离 70 mm。

B. 加工起点、换刀点及工艺路线的确定

加工起点与换刀点设为同一点，放在 Z 向距工件前端面 100 mm，X 向距轴心线 50 mm 的位置。

首先通过复合循环指令,用外圆粗加工车刀加工工件外形轮廓,并保留 0.3 mm 精加工余量;再用外圆精加工车刀将外形轮廓加工到尺寸。最后用公制螺纹车刀加工螺纹。

C. 加工刀具的确定

外圆端面车刀一把,刀具主偏角 93°,副偏角 57°;切断刀一把;公制螺纹车刀一把,刀尖角 60°(最好用可转位机夹车刀)。

D. 切削用量

外圆加工时:主轴转速 1 000 r/min,粗加工进给速度 100 mm/min,精加工进给速度 50 mm/min;螺纹加工时:主轴转速 500 r/min。

2)数学计算

A. 以工件右端面与轴线的交点为程序原点,建立工件坐标系。

B. 计算各节点位置坐标值。

3)编写程序

```
O0001
T0101
G90 G00 X40.0 Z5.0
M03 S1000
G71 U1 R2 P100 Q200 X0.2 Z0.2 F100          用循环指令车外圆
N100 G00 X0.0 Z5.0
     G01 X18.0 F50
     Z-15.0
     X22.0 Z-25.0
     Z-31.0 F50
     G02 X32.0 Z-36.0 R5.0
     G01 Z-40.0
N200 G01 X36.0 Z-50.0
     G00 X100.0 Z100.0
T0202                                        换刀切削螺纹退刀槽
M03 S800
G00 X20.0 Z-15.0
G01 X15.0 F20
G04 P2.0
G01 X20.0
G00 X100.0 Z100.0
T0303                                        换刀切削螺纹
M03 S500
G00 X20.0 Z5.0
G76 C2 R-1 E1 A60 X16.7 Z-16.0 K0.65 U0.1 V0.1 Q0.5 F1
```

G00 X100.0 Z100.0

T0202　　　　　　　　　　　　　　　　　　换刀切断

M03 S800

G00 X40.0 Z – 50.0

G01 X0 F30

G00 X100.0

Z100.0

M30

4.4　用户宏程序

用户宏程序是数控系统的特殊编程功能。用户宏程序的实质与子程序相似,它也是把一组实现某种功能的指令,以子程序的形式预先存储在系统存储器中,通过宏程序调用指令执行这一功能。在主程序中,只要编入相应的调用指令就能实现这些功能。

一组以子程序的形式存储并带有变量的程序称为用户宏程序,简称宏程序。宏程序与普通程序相比较,普通程序的程序字为常量,常量之间不可以运算,一个程序只能描述一个几何形状,程序只能顺序执行,不能跳转,所以缺乏灵活性和通用性。而在用户宏程序的本体中,可以使用变量进行编程,还可以用宏指令对这些变量进行赋值、运算等处理,程序运行可以跳转,可使用宏程序编制非圆二次曲线轮廓、简单曲面的加工程序。

FANUC 系统用户宏程序分为 A,B 两种。一般情况下,在一些较老的 FANUC 系统(如 FANUC OTD)系统 > 中采用 A 类宏程序,而在较为先进的系统(如 FANUC 0i 系统)中则采用 B 类宏程序。下面着重讲解 FANUC 系统的 B 类宏程序。

4.4.1　变量

普通加工程序直接指定 G 代码、移动轴和距离,例如:G00　X100.0。使用用户宏程序时,数值可以直接指定或用变量指定。当用变量时,变量值可用程序或在 MDI 面板上设定或修改,如:

#1 = #2 + 100;

G01 X#1 F300;

(1)**变量的表示**

数控系统用户宏程序中,变量的表示方法有两种:

一种是用变量符号"#"和后面的变量号指定。例如:#1　即 1 号变量;第二种是用表达式指定变量号。例如:#[#1 + #2 – 12],此时,表达式必须封闭在方括号中。

(2)**变量的类型**

根据变量号段的不同,变量可以分成四种类型,如表 4.2 所示。

表 4.2　变量的类型

变量号	变量类型	功　能
#0	空变量	该变量总是空,没有值能赋给该变量
#1 – #33	局部变量	局部变量只能用在宏程序中存储数据,例如,运算结果。当断电时,局部变量被初始化为空。调用宏程序时,自变量对局部变量赋值
#100 – #199 #500 – #999	公共变量	公共变量在不同的宏程序中的意义相同。当断电时,变量#100～#199 初始化为空,变量#500～#999 的数据保存,即使断电也不丢失
#1000 –	系统变量	系统变量用于读和写 CNC 运行时的各种数据,例如,刀具的当前位置和补偿值

（3）小数点的省略

当在程序中定义变量值时,小数点可以省略。例:当定义#1 = 123,变量#1 的实际值是 123.000。

（4）变量的引用

为在程序中使用变量值,指令后直接跟变量号的地址。当用表达式指定变量时,要把表达式放在"[ ]"中。

例如:G00　X#4　Y#5;

　　　G01　X[#1 + #2]　F#3;

被引用变量的值根据地址的最小设定单位自动地舍入。

例如:当 G00　X#1;如把 12.345 6 赋值给变量#1,实际指令值为 G00　X12.345;

改变引用的变量值的符号,要把负号(–)放在#的前面。

例如:G00　X – #1;

当引用未定义的变量时,变量及地址字都被忽略。

例如:当变量#1 的值是 0,并且变量#2 的值是空时,G00　X#1　Y#2 的执行结果为 G00　X0。

（5）变量的赋值

赋值是指将一个数据赋予给一个变量。例如:#1 = 20.0,则表示#1 的值是 20.0。其中#1 代表变量,20.0 就是给变量#1 赋的值。赋值方法有两种:直接赋值和引数赋值。

1）直接赋值

变量可以在操作面板上用 MDI 方式直接赋值,也可在程序中以等式方式赋值,但等号左边不能用表达式。

例:#2 = 80.0;　　　　　　变量#2 的值是 80

　#1 = 30.0 + 20.0;　　　变量#1 的值是 50

2）引数赋值

宏程序以子程序方式出现,所用的变量可在宏程序调用时赋值。

例:　G65　P1000　X100.0　Y30.0　Z20.0　F100.0;

该处的 X,Y,Z 不代表坐标字,F 也不代表进给字,而是对应于宏程序中的变量号,变量的具体数值由引数后的数值决定。引数宏程序中的变量赋值方法有两种:变量引数赋值方法Ⅰ,

变量引数赋值方法Ⅱ,见表4.3及表4.4所列,这两种方法也可以混用,其中 G、L、N、O、P 不能作为引数代替变量赋值。

表4.3 变量引数赋值方法Ⅰ

引数	变量	引数	变量	引数	变量	引数	变量
A	#1	I_3	#10	I_6	#19	I_9	#28
B	#2	J_3	#11	J_6	#20	J_9	#29
C	#3	K_3	#12	K_6	#21	K_9	#30
I_1	#4	I_4	#13	I_7	#22	I_{10}	#31
J_1	#5	J_4	#14	J_7	#23	J_{10}	#32
K_1	#6	K_4	#15	K_7	#24	K_{10}	#33
I_2	#7	I_5	#16	I_8	#25		
J_2	#8	J_5	#17	J_8	#26		
K_2	#9	K_5	#18	K_8	#27		

表4.4 变量引数赋值方法Ⅱ

引数	变量	引数	变量	引数	变量	引数	变量
A	#1	H	#11	R	#18	X	#24
B	#2	I	#4	S	#19	Y	#25
C	#3	J	#5	T	#20	Z	#26
D	#7	K	#6	U	#21		
E	#8	M	#13	V	#22		
F	#9	Q	#17	W	#23		

①变量赋值方法Ⅰ

G65 P0030 A30.0 I40.0 J100.0 K0 I20.0 J10.0 K70.0;

经赋值后#1 = 30.0,#4 = 40.0,#5 = 100.0,#6 = 0,#7 = 20.0,#8 = 10.0,#9 = 70.0。

②变量赋值方法Ⅱ

G65 P0020 A50.0 X30.0 F80.0;

经赋值后#1 = 50.0,#24 = 30.0,#9 = 80.0。

③变量赋值方法Ⅰ和Ⅱ混合使用

G65 P0030 A50.0 D40.0 I100.0 K0 I20.0;

经赋值后,#1 = 50.0,#4 = 100.0,#6 = 0,I20.0 与 D40.0 同时分配给变量#7,则后一个#7 有效,所以变量#7 = 20.0。

4.4.2 算术和逻辑运算

表4.5中列出的运算可以在变量中执行。运算符右边的表达式可包含常量和/或由函数或运算符组成的变量。表达式中的变量#j 和#k 可以用常数赋值。左边的变量也可以用表达式赋值。

表 4.5　算术和逻辑运算

功　能	格　式	备　注
定义	#i = #j ;	
加法	#i = #j + #k ;	
减法	#i = #j − #k ;	
乘法	#i = #j * #k ;	
除法	#i = #j/#k ;	
正弦	#i = SIN[#j] ;	
反正弦	#i = ASIN[#j] ;	
余弦	#i = COS[#j] ;	角度以度指定。90°30′表示
反余弦	#i = ACOS[#j] ;	为 90.5 度
正切	#i = TAN[#j] ;	
反正切	#i = ATAN[#j] ;	
平方根	#i = SQRT[#j] ;	
绝对值	#i = ABS[#j] ;	
舍入	#i = ROUN[#j] ;	
上取整	#i = FIX[#j] ;	
下取整	#i = FUP[#j] ;	
自然对数	#i = LN[#j] ;	
指数函数	#i = EXP[#j] ;	
或	#i = #j　OR #k ;	逻辑运算一位一位地按二
异或	#i = #j　XOR　#k ;	进制数执行
与	#i = #j　AND　#k ;	
从 BCD 转为 BIN	#i = BIN[#j] ;	用于与 PMC 的信号交换,
从 BIN 转为 BCD	#i = BCD[#j] ;	BIN:二进制,BCD:十进制

1)函数 SIN,COS,ASIN,ACOS,TAN 和 ATAN 的角度单位是度,如:90°30′表示为90.5度。

2)宏程序数学计算的先后次序依次为:函数运算(SIN,COS,ASIN,ACOS,TAN 和 ATAN 等)→乘和除运算(*,/,AND 等)→加减运算(+,−,OR,XOR 等)。

3)括号用于改变运算次序。括号可以使用 5 级,包括函数内部使用的括号。

例:#1 = SIN[[[#2 + #3] * #4 + #5]/#6]　　　　　　　　(3 重括号)

4)舍入#i = ROUND[#j]

①当在算术运算或逻辑运算指令 IF 或 WHILE 中使用 ROUND 函数时,ROUND 函数运行后,在小数第 1 位四舍五入。

例:当#2 = 1.234 5 时,执行#1 = ROUND[#2]后,变量 1 的值是 1.0。

当#3 = 1.634 5 时,执行#4 = ROUND[#3]后,变量 4 的值是 2.0。

②当在 NC 语句地址中使用 ROUND 函数时,ROUND 函数根据地址的最小设定单位将指定值四舍五入。

例:假定最小设定单位是 1/100 0 mm,#1 = 2.234 5

　　G91　　G00X – [ROUND[#2]];　　　　　刀具快速移动 2.235 mm

5)上取整#i = FIX[#j];下取整#i = FUP[#j]

CNC 处理数值运算时,无条件地舍去小数部分称为上取整;小数部分进位到整数称为下取整(注意与数学上的四舍五入对照)。

例如:假设#1 = 1.2,#2 = – 1.2

当执行#3 = FUP[#1]时,2.0 赋予#3;

当执行#3 = FIX[#1]时,1.0 赋予#3;

当执行#3 = FUP[#2]时, – 2.0 赋予#3;

当执行#3 = FIX[#2]时, – 1.0 赋予#3。

4.4.3　宏程序的格式及调用

(1)宏程序的格式

用户宏程序与子程序相似,由程序号 O 及后面的 4 位数字组成,以 M99 指令结束。

例:O 2345

　　⋮

　　#1 = 2.5

　　#2 = 5.0

　　G01 X[#1 + #2] F100

　　⋮

　　M99

(2)宏程序的调用

宏程序的调用方法有:①非模态调用(G65);②模态调用(G66、G67);③用 G 指令调用宏程序;④用 M 指令调用宏程序;⑤用 M 指令调用子程序;⑥用 T 指令调用子程序。

宏程序调用不同于子程序调用(M98),用宏程序调用可以指定自变量(数据传送到宏程序),M98 没有该功能。

1)G65 宏程序非模态调用

编程格式:G65　　P__　　L__　　＜自变量赋值＞

P__:要调用的程序;L__:重复次数(1 ~ 9999 的重复次数,省略 L 时,默认值为 1);自变量赋值:数据传递到宏程序(其值被赋值到相应的局部变量)。

例:O 1000　　(主程序)　　　　　　　　　O 1100

　　⋮　　　　　　　　　　　　　　　　　　#3 = #1 + #2

　　G65 P1100 L2 A1.5 B3.5　　　　　　IF[#3 GE 180] G0T0100

　　⋮　　　　　　　　　　　　　　　　　　G00 G91 X#3

　　M02　　　　　　　　　　　　　　　　　N100 M99

2)G66 宏程序模态调用

编程格式:G66　　P__　　L__　　＜自变量赋值＞

⋮

        G67

P__:要调用的程序;L__:重复次数(1~9 999 的重复次数,省略 L 时,默认值为 1);自变量赋值:数据传递到宏程序(其值被赋值到相应的局部变量)。G67 取消宏程序模态调用。

4.4.4 转移和循环

在程序中,使用 GOTO 语句和 IF 语句可以改变控制的流向。有三种转移和循环操作可供使用:

(1)无条件转移(GOTO 语句)

转移到标有顺序号 n 的程序段,可用表达式指定顺序号。

编程格式:GOTO   n;   n:顺序号(1—99999)

例如:GOTO   1;

      GOTO#10;

(2)条件转移(IF 语句)

1)编程格式:IF[<条件表达式>]GOTO   n;

该语句含义:如果指定的条件表达式满足时,转移到标有顺序号 n 的程序段;如果指定的条件表达式不满足,执行下一个程序段。

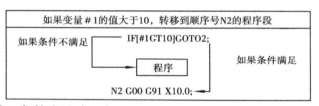

2)编程格式:IF[<条件表达式>]   THEN__;

该语句含义:如果条件表达式满足,执行预先决定的宏程序语句,只执行一个宏程序语句。

例:如果#1 和#2 的值相同,0 赋给#3。

IF [#1EQ#2] THEN #3 =0

条件表达式必须包括算符。算符插在两个变量中间或变量和常数中间,条件表达式用括号([   ])封闭。表达式可以替代变量。

运算符由 2 个字母组成,用于两个值的比较,以决定它们是相等还是一个值小于或大于另一个值。注意:不能使用不等符号。宏程序运算符如表 4.6 所示。

表 4.6 宏程序运算符

运算符	含 义	示 例
EQ	等于(=)	IF[#2EQ#3]GOTO100
NE	不等于(≠)	IF[#2NE#3]GOTO100
GT	大于(>)	IF[#2GT#3]GOTO100
GE	大于等于(≥)	IF[#2GE#3]GOTO100
LT	小于(<)	IF[#2LT#3]GOTO100
LE	小于等于(≤)	IF[#2LE#3]GOTO100

（3）**循环**（While **语句**）

在 WHILE 后指定一个条件表达式,当指定条件满足时,执行从 DO 到 END 之间的程序。否则转到 END 后的程序段。

编程格式:WHILE　［条件表达式］　DO m　　　　　　m = 1,2,3

　　　　　　　$\vdots$

　　　　END m

DO 后的号和 END 后的号是指定程序执行范围的标号,标号值为 1,2,3。若用 1,2,3 以外的值会产生 P/S 报警№126。在 DO ~ END 循环中的标号(1 ~ 3)可根据需要多次使用,但要注意,无论怎样多次使用,标号永远限制在 1,2,3;另外,当程序有交叉重复循环(DO 范围的重叠)时,出现 P/S 报警№124。以下为嵌套的说明。

1)标号 1 ~ 3 可以根据要求多次使用

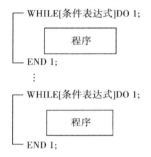

2)循环可以从里到外嵌套 3 级

3)DO 的范围不能交叉

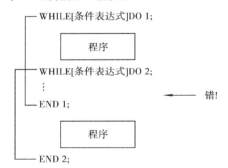

101

4）条件转移可以转到循环的外边

```
┌─ WHILE[条件表达式]DO 1；
├─ IF[条件表达式]GOTO n
├─ END 1；
└─► Nn...
```

5）条件转移不能进入循环区内

```
┌─ IF[条件表达式]GOTO n
│     ⋮
├─ WHILE[条件表达式]DO 1；  ◄── 错！
├─► Nn ...
└─ END 1；
```

4.4.5 宏程序编程实例

例 1 下面的程序计算数值 1～10 的总和

O1000

#1 = 0；

#2 = 1.0；

WHILE［#2LE 10］DO 1；

#1 = #1 + #2；

#2 = #2 + 1.0；

END 1；

M02；

例 2 用宏程序编写如图 4.45 所示抛物线 $Z = -X^2/2$ 在区间(0,16)内的程序

O2000；

T0101；

M03 S600；

G00 X18. Z3.0；

N1 #10 = 8.0；

WHILE［#10 GT 0］DO 1；

#11 = -#10 * #10/2.0；

G00 X［2.0 * #10 + 0.3］；

G01 Z［#11 + 0.1］F100；

U1.0；

G00 Z3.0；

#10 = #10 - 0.4；

END 1；

N2 #20 = 0；

WHILE［#20 LT 8.0］DO 1；

#21 = -#20 * #20/2.0；

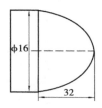

图 4.45 宏程序示例

φ16

32

G01 X[2.0 * #20] Z[#21] F100;

#20 = #20 + 0.08;

END 1;

G01 X16.0 Z – 32.0;

G00 X18.0;

M05;

G00 Z3.0;

M30;

例 3　编写图 4.46 的数控加工程序,毛坯材料:45#钢 φ65 × 70

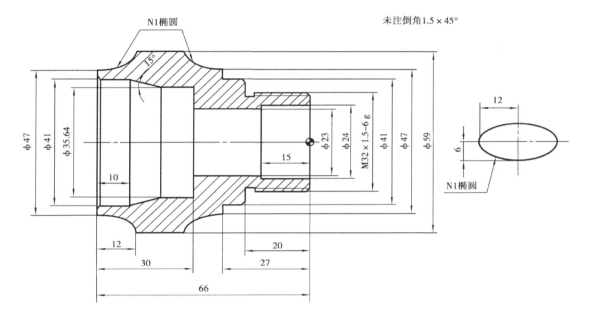

图 4.46　综合示例

工艺分析:由于材料长度余量很小,所以采取分头加工,先加工左边,然后用软爪夹持 φ59 外圆再加工右边;由于孔壁较薄,应先加工外圆再加工内孔,以防止工件变形。左面加工中应先用外圆车刀加工零件端面和 φ59 外圆以及椭圆部分,再钻通孔,用镗刀加工内孔;右面加工中应先用外圆车刀加工零件端面和外圆,然后换切刀加工螺纹退刀槽,再换螺纹刀加工螺纹,最后用镗刀加工内孔。

工件坐标系原点设置在轴线与右端面的交点。

O3000;

T0101;　　　　　　　　　　　　　　　　　　换 1 号刀,外圆粗车刀

G97 M03 S1000;

M08;

G99 G00 X70.0 Z2.0;

G71 U1.5 R1.0;　　　　　　　　　　　　　粗车左边外圆

G71 P100 Q200 U0.3 W0.1 F100;

N100 G00 X40.0；

G01 Z0 F100；

X59.0；

N200 Z－29.0；

G00 X70.0 Z2.0

#10＝6.0；   宏程序粗车椭圆

WHILE［#10 GT 0］DO 1；

#11＝SQRT［（1－#10＊#10/36）＊144］；

G00 X［2.0＊#10＋0.3＋59.0］；

G01 Z［－#11＋0.1］F100；

U1.0；

G00 Z2.0；

#10＝#10－0.4；

END 1；

G00 X100.0 Z100.0；

T0202；   换 2 号刀，外圆精车刀

G00 X70.0 Z2.0；

G70 P100 Q200；   精车外圆

#20＝6；   精车椭圆

WHILE［#20 GT 0］DO 1；

#21＝SQRT［（1.0－#20＊#20/36.0）＊144］；

G01 X［－2.0＊#20＋59.0］Z［#21］F100；

#20＝#20－0.08；

END 1；

G00 X100.0 Z100.0；

T0303；   换 3 号刀中心钻

G00 X0 Z2.0；

G01 Z－3.0；   转中心孔

G00 X100.0 Z100.0；

T0404；   换 4 号刀 φ22 直钻

G00 X0 Z2.0；

G74 R0.3；

G74 Z－68.0 Q5000 F50；   钻通孔

G00 Z100.0；

X100.0；

T0505；   换 5 号刀，镗刀

G00 X20.0 Z2.0；

G71 U1.5 R0.2；   粗车左面内圆

G71 P300 Q400 U－0.2 W0.1 F100；

N300 G00 X44.0；

G01 Z0 F50；

X41. Z-1.5；

Z-10.0；

X35.64 Z-20.0；

Z30.0；

N400 X20.0；

G70 P300 Q400；   精车内圆

G00 X100.0 Z100.0；

M09；

M30；

翻面装夹

O4000

T0101；   换1号刀,外圆粗车刀

G97 M03 S1000；

M08；

G99 G00 X70.0 Z2.0；

G71 U1.5 R1.；   粗车右边外圆

G71 P100 Q200 U0.3 W0.1 F100；

N100 G00 X20.0；

G01 Z0 F50；

X29.0；

X32.0 Z-1.5；

Z-20.0；

X38.0；

X41.0 Z-21.5；

Z-27.0；

N200 X60.0；

#10=6；   宏程序粗车椭圆

WHILE［#10 GT 0］DO 1；

#11=SQRT［（1.0-#10*#10/36.0）*144.0］；

G00 X［-2*#10+0.3+59.0］；

G01 Z［-#11+0.1-27.0］F100；

U1.0；

G00 Z2.0

#10=#10-0.4；

END 1；

G00 X100.0 Z100.0；

T0202；	换 2 号刀,外圆精车刀
G00 X70.0 Z2.0；	
G70 P100 Q200；	精车外圆
#20 = 6；	精车椭圆
WHILE ［#20 GT 0］ DO 1；	
#21 = SQRT［（1.0 − #20 * #20/36.0）* 144.0］；	
G01 X［ −2.0 * #20 + 59.0］ Z［#21 − 27.0］ F100；	
#20 = #20 − 0.08；	
END 1；	
G00 X100.0 Z100.0；	
T0606；	换 6 号刀 3 mm 切刀
G00 X34.0 Z − 17.0；	
M03 S500；	
G01 X28.0 F50；	切螺纹退刀槽
G04 P1000；	
G00 X100.0；	
Z100.0；	
T0707；	换 7 号刀,螺纹刀
G00 X34.0 Z2.0；	
G76 P020060 Q50 R0.05；	用 G76 循环加工螺纹
G76 X30.38 Z − 19.0 R0 P810 Q400 F1.5；	
G00 X100.0 Z100.0；	
T0505；	换 5 号刀,镗刀
M03 S1000；	
G00 X20.0 Z2.0；	
G71 U1.5 R0.2；	粗车左面内圆
G71 P300 Q400 U − 0.2 W0.1 F100；	
N300 G00 X24.0；	
G01 Z − 15.0；	
X23.0；	
N400 Z − 38.0；	
G70 P300 Q400；	精车内圆
G00 X100.0 Z100.0；	
M09；	
M02	

思考题与习题

1.数控车床编程的特点和主要步骤是什么？

2.数控车床的机床原点和参考点在哪里？怎样确定数控车床编程的工件坐标系和工件原点？

3.固定循环编程有何意义？复合循环与简单循环的区别在哪里？

4.简述 G71,G72,G73 指令的应用场合有何不同。

5.比较 FANUC – 0i 与 HNC – 21T 在车削循环编程格式上的异同。

6.FANUC – 0i 系统车螺纹采用的是什么指令格式？

7.双头螺纹应该如何车削？

8.用数控车床加工图 4.47、图 4.48 所示零件,材料为 45 钢,毛坯直径为 40 mm,长度为 100 mm,试编制该零件的加工程序。要求说明刀具的规格及切削用量。

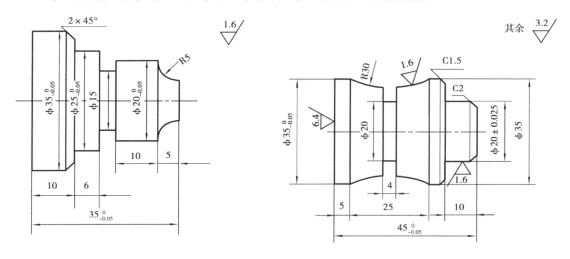

图 4.47 数控车床编程作业 1   图 4.48 数控车床编程作业 2

9.编制在数控车床上加工图 4.49 所示零件的加工程序。

10.用数控车床加工图 4.50 所示零件,材料为 45 钢,毛坯直径为 70 mm,长度为100 mm,按图示要求完成零件的加工程序编制。

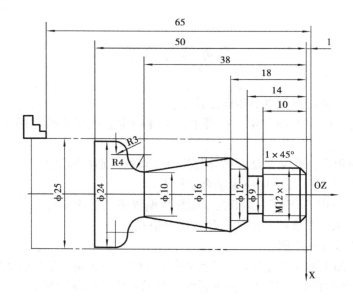

图 4.49 数控车床编程作业 3

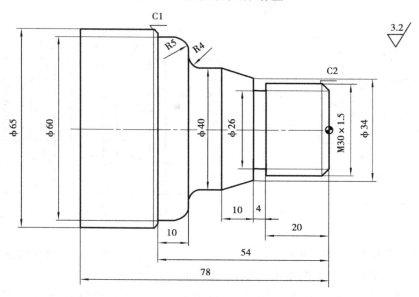

图 4.50 数控车床编程作业 4

第 5 章

数控铣床加工的程序编制

5.1 数控铣床及其加工简介

在箱体、壳体类机械零件的加工中,特别是模具型腔的加工中,数控铣床的加工量占有很大的比例。学习掌握数控铣床的编程与加工操作十分重要。同时,它也是学习加工中心编程与加工的重要基础。铣削是机械加工中最常用的方法之一,它包括平面铣削和轮廓铣削。与加工中心相比,数控铣床(图5.1)除了缺少自动换刀装置及刀库外,其他方面均与加工中心类似,可以对工件进行钻,扩,铰,锪,镗孔与攻丝等,但其主要还是用来对工件进行铣削加工。

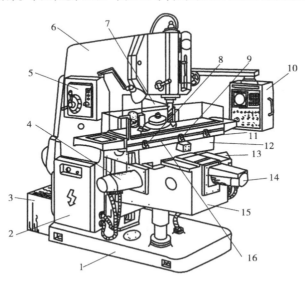

图 5.1 XK5040A 型数控铣床的布局图

1—底座 2—强电柜 3—变压器箱 4—垂直升降进给伺服电机 5—主轴变速手柄和按钮板
6—床身 7—数控柜 8—保护开关 9—挡铁 10—操纵台 11—保护开关 12—横向溜板
13—纵向进给伺服电机 14—横向进给伺服电机 15—升降台 16—纵向工作台

109

5.1.1　数控铣床的铣削加工对象分析

（1）平面类零件

1）平面类零件的定义

加工面平行、垂直于水平面或加工面与水平面的夹角为定角的零件称为平面类零件。如图 5.2 所示的三个零件均属平面类零件。目前，在数控铣床上加工的绝大多数零件属于平面类零件。

2）平面类零件的特点

平面类零件的特点是，各个加工单元面是平面或可以展开成为平面。

3）加工平面类零件的数控机床

平面类零件是数控铣削加工对象中最简单的一类，一般只需用三坐标数控铣床的两坐标联动就可以加工出来。

4）平面类零件的斜面加工方法

有些平面类零件的某些加工单元面（或加工单元面的母线）与水平面既不垂直也不平行，而是呈一个定角。对这些斜面的加工常用如下方法：

①对图 5.2(b)所示的斜面，当工件尺寸不大时，可用斜垫板垫平后加工，如机床主轴可以摆角，则可以摆成适当的定角来加工。当工件尺寸很大，斜面坡度又较小时，也常用行切法加工，但会在加工面上留下叠刀时的刀锋残痕，要用钳修方法加以清除。用三坐标数控立铣加工飞机整体壁板零件时常用此法。当然，加工斜面的最佳方法是用五坐标铣床主轴摆角后加工，可以不留残痕。

②图 5.2(c)所示的正圆台和斜筋表面，一般可用专用的角度成型铣刀来加工，此时如采用五坐标铣床摆角加工反而不合算。

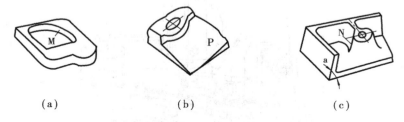

(a)　　　　　　　　(b)　　　　　　　　(c)

图 5.2　典型的平面类零件

（2）变斜角零件

1）变斜角零件的定义

加工面与水平面的夹角呈连续变化的零件称为变斜角类零件，这类零件多数为飞机零部件，如飞机上的整体梁、框、橡条与肋等，此外还有检验夹具与装配型架等。图 5.3 是飞机上的一种变斜角梁橡条，该零件在第②面至第⑤面的斜角 α 从 3°10′均匀变化为 2°632′，从第⑤面至第⑨面再均匀变化为 1°20′。从第⑨面到第⑫面又均匀变化至 0°。

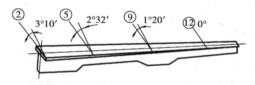

图 5.3　飞机上的变斜角梁橡条

2）变斜角类零件的特点

变斜角类零件的变斜角加工面不能展开为平面，但在加工中，加工面与铣刀圆周接触的一系列点为一条直线。

3）加工变斜角类零件的数控机床

最好采用四坐标和五坐标数控铣床摆角加工，在没有上述机床时，也可在三坐标数控铣床上进行近似加工。

4）主要加工方法

加工变斜角面的常用方法主要为下列三种：

①对曲率变化较小的变斜角面，用 X，Y，Z 和 A 四坐标联动的数控铣床加工，所用刀具为圆柱铣刀。但当工件斜角过大，超过铣床主轴摆角范围时，可用角度成型刀加以弥补，以直线插补方式摆角加工，如图 5.4（a）所示。

②对曲率变化较大的变斜角加工面，用四坐标联动，直线插补加工难以满足加工要求，最好采用 X，Y，Z，A 和 B（或 C 轴）的五坐标联动数控铣床，以圆弧插补方式摆角加工，如图 5.4（b）所示。实际上图中的角 α 与 A，B 两摆角是球面三角关系，这里仅为示意图。

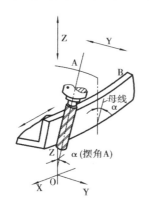

（a）四坐标联动加工变斜面　　　　（b）五坐标联动加工变斜面

图 5.4　变斜角面加工方法

③用三坐标数控铣床进行两坐标加工，刀具为球头铣刀（又称指状铣刀，只能加工大于90°的开斜角面）和鼓形铣刀，以直线或圆弧插补方式分层铣削，所留叠刀残痕用钳修方法清除，图 5.5 是用鼓形刀铣削变斜角面的情形。由于鼓径可以做得较大（比球头刀的球径大）所以加工后的叠刀刀锋较小，故加工效果比球头刀好，而且能加工闭斜角（小于90°的斜面）。

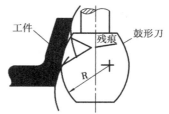

图 5.5　用鼓形铣刀

（3）曲面（立体类）零件

1）曲面类零件的定义

加工面为空间曲面的零件称为曲面类零件。

2）曲面类零件的特点

其一是加工面不能展开为平面；其二加工面与铣刀始终为点接触。

3）加工曲面类零件的数控铣床

一般采用三坐标及以上的数控铣床。

4)曲面的主要加工方法

常用曲面加工方法主要有下列两种：

①采用三坐标数控铣床进行二坐标联动的两轴半坐标加工,加工时只有两个坐标联动,另一个坐标按一定行距周期性进给。这种方法常用于不太复杂的空间曲面的加工,图5.6是对曲面进行两轴半坐标行切加工的示意图。

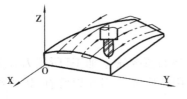

②采用三坐标及以上的数控铣床进行三坐标或多坐标联动加工空间曲面。所用铣床必须具有进行 X,Y,Z 三坐标联动或多坐标联动功能,进行空间直线或圆弧插补。这种方法常用于发动机及模具等较复杂空间曲面的加工。

5)加工曲面类零件的刀具通常采用球头铣刀,因为使用其他形状的刀具加工曲面时更容易产生干涉而铣伤邻近表面。

图5.6　两轴半坐标加工

5.1.2　数控铣削的主要功能

(1)数控铣削的一般功能

不同的数控铣床(或配置的数控系统不同)其功能也不尽相同,但都具有下列一般功能:点位控制功能、连续轮廓控制加工功能、刀具半径自动补偿功能、镜像加工功能、固定循环功能等。

(2)数控铣削的特殊功能

对于不同数控铣床,在增加了某些特殊装置或附件以后还分别具备或兼备下列一些特殊功能:

1)刀具长度补偿功能

利用该功能可以自动改变切削面高度,同时可以降低对制造与返修时刀具长度尺寸的精度要求,还可以弥补轴向刀具误差。尤其是当具有 A,B 两个主轴摆动坐标的四坐标或五坐标数控铣床联动加工时,因铣刀摆角(沿刀具中心旋转)而造成刀尖离开加工面或形成过切。为了保持刀具始终与加工面相切,当刀具摆角运动时,必须随之进行 X,Z 轴或 Y,Z 轴的附加运动来实现四坐标联动加工,或进行 X,Y,Z 轴的同时附加运动来实现五坐标联动加工。这时,若没有刀具长度自动补偿功能将是十分困难的。

2)靠模加工功能

有些数控铣床增加了靠模(如电脑仿型)加工装置后,可以在数控和靠模两种控制方式中任选一种来进行加工,从而扩大了机床使用范围。

3)自动交换工作台功能

有的数控铣床带有两个或两个以上的自动交换工作台,当一个工作台上的工件进入加工时,另一个工作台上可以进行对工件的检测与装卸。当工件加工完后,工作台自动交换,机床又马上进入加工状态,如此往复进行,可大大缩短准备时间,提高生产率。

4)自适应功能

具有该功能的数控机床可以在加工过程中把检测到的切削状况(如切削力、温度等)的变化,通过自适应性控制系统及时控制机床改变切削用量,使铣床和刀具始终保持最佳状态,从而获得较高的切削效率和加工质量,延长刀具的使用寿命。

5)数据采集功能

数控铣床在配置了数据采集系统后(包括样板、样件、模型等)可以进行测量和采集所需要的数据。而且,目前已出现既能对实物扫描采集数据,又能对采集到的数据进行自动处理并生成数控加工程序的系统,简称录返系统。这种功能为那些必须按实物依据生产的工件实现数控加工带来了很大方便,大大减少了对实样的依赖,为仿制与逆向进行设计/制造一体化工作提供了有效手段。

5.2 FANUC 数控系统功能及加工编程

5.2.1 FANUC 系统数控铣床的常用功能指令

数控铣床的基本功能指令及应用在第 2 章中已作介绍,这里主要以 FANUC 系统为例介绍数控铣床编程中的其他常用功能指令。

FANUC 0i 准备功能 G 指令见表 5.1。

表 5.1 FANUC 0i 系统准备功能 G 指令

G 指令	组 号	功 能
G00*		快速定位
G01		直线插补
G02	01	顺时针圆弧插补/顺时针螺旋线插补
G03		逆时针圆弧插补/逆时针螺旋线插补
G04	00	暂停
G09		准确停止
G15	17	极坐标编程方式取消
G16		极坐标编程方式打开
G17*		选择 XY 插补平面
G18	02	选择 XZ 插补平面
G19		选择 YZ 插补平面
G20	06	英寸输入
G21		毫米输入
G27		返回参考点检测
G28		返回参考点
G29	00	从参考点返回
G30		返回第 2,3,4 参考点
G31		跳跃功能
G40*		刀具半径补偿取消
G41	07	刀具半径左补偿
G42		刀具半径右补偿
G43		正向刀具长度补偿
G44	08	负向刀具长度补偿
G49*		刀具长度补偿取消

续表

G 指　令	组　号	功　　　　能
G50*	11	比例缩放取消
G51		比例缩放有效
G52	00	局部坐标系设定
G53		选择机床坐标系
G54* ~ G59	14	选择工件坐标系 1 ~ 6
G65	00	宏程序调用
G66	12	宏程序模态调用
G67*		宏程序调用取消
G68	16	坐标旋转
G69*		坐标旋转取消
G73		深孔高速钻削循环
G74		攻左旋螺纹循环
G76		精镗循环
G80*		固定循环取消
G81		普通钻孔循环
G82		锪孔循环
G83	09	啄式钻孔循环
G84		攻右旋螺纹循环
G85		镗孔循环
G86		镗孔循环
G87		背镗循环
G88		镗孔循环
G89		镗孔循环
G90*	03	绝对值编程
G91		增量值编程
G92	00	设定工件坐标系
G94*	05	每分进给
G95		每转进给
G98	10	固定循环返回初始点
G99		固定循环返回 R 点

注:

1. 带 * 号的 G 指令表示接通电源时,即为该 G 指令的状态;

2. 00 组 G 指令都是非模态 G 指令;

3. 不同组的 G 指令在同一个程序段中可以指令多个,但如果在同一个程序段中指令了两个或两个以上同一组的 G 指令时,则只有最后一个 G 指令有效;

4. 在固定循环中,如果指令了 01 组的 G 指令,则固定循环将被自动取消,变为 G80 的状态。但是,01 组的 G 指令不受固定循环 G 指令的影响。

(1)数值单位设定指令 G20,G21,G22

如表 5.2 所示,G20,G21,G22 用来设定编程中所用数值的单位。

表 5.2 单位设定指令

单　　　　位	线　性　轴	旋　转　轴
英制（G20）	英寸	度
公制（G21）	毫米	度
脉冲当量（G22）	移动脉冲当量	旋转轴脉冲当量

（2）**螺旋插补指令** G02，G03

螺旋线插补指令与圆弧插补指令相同，G02 为顺时针螺旋线插补，G03 为逆时针螺旋线插补。顺逆的方向判别方法与圆弧插补相同。

其指令格式为：

1）与 XY 平面圆弧同时移动

$$\left\{\begin{matrix}G90\\G91\end{matrix}\right\}G17\left\{\begin{matrix}G02\\G03\end{matrix}\right\}X\_Y\_\left\{\begin{matrix}R\_\\I\_J\_\end{matrix}\right\}Z\_F\_;$$

2）与 XZ 平面圆弧同时移动

$$\left\{\begin{matrix}G90\\G91\end{matrix}\right\}G18\left\{\begin{matrix}G02\\G03\end{matrix}\right\}X\_Z\_\left\{\begin{matrix}R\_\\I\_K\_\end{matrix}\right\}Y\_F\_;$$

3）与 YZ 平面圆弧同时移动

$$\left\{\begin{matrix}G90\\G91\end{matrix}\right\}G19\left\{\begin{matrix}G02\\G03\end{matrix}\right\}Y\_Z\_\left\{\begin{matrix}R\_\\J\_K\_\end{matrix}\right\}X\_F\_;$$

例如编制图 5.7 所示的螺旋线编程方式如下：

用 G90 时：

$$G90G17G03X0.0Y30.0\left\{\begin{matrix}R30.0\\I-30.0J0.0\end{matrix}\right\}Z10.0F200.0;$$

用 G91 时：

$$G91G17G03X-30.0Y30.0\left\{\begin{matrix}R30.0\\I-30.0J0.0\end{matrix}\right\}Z10.0F200.0$$

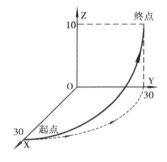

图 5.7 螺旋线编程示例

（3）**速度单位设定指令** G94，G95

指令格式：G95 F_；

F 后面的数字表示的是每转进给量，单位为 mm/r。例如：G95 F0.2 表示主轴每转 1 转，刀具前进 0.2 mm，即进给量为 0.2 mm/r。

指令格式：G94 F_；

F 后面的数字表示的是每分钟进给量，单位为 mm/min。例如：G94 F100.0 表示刀具每分钟前进 100 mm，即进给量为 100 mm/min。

FANUC 0i 系统一般默认为每分钟进给量。

（4）**极坐标指令** G15，G16

编程时坐标值可以用极坐标（半径和角度）表示。角度的正向是所选平面的第 1 轴正向的逆时针转向，而负向是顺时针转向。

指令格式：

G△△G××G16；　　　　　（打开极坐标编程方式）

……　　　　　　　　　　（坐标值都为极坐标指令）

G15；　　　　　　　　　（关闭极坐标编程方式）

说明：

G△△：极坐标指令的平面选择（G17,G18 和 G19）

G××：采用 G90 时为指定工件坐标系的零点作为极坐标系的原点，从该点测量极半径。采用 G91 时指定当前位置作为极坐标系的原点，并从该点测量极半径。在 XY 平面中（G17）采用极坐标时，X 为极半径，Y 为极角，其使用方式可以参考下例，但是要注意的是在极坐标方式中不能指定任意角度倒角和圆弧倒角。

如图 5.8 所示，加工圆周上的孔，可以这样编程。

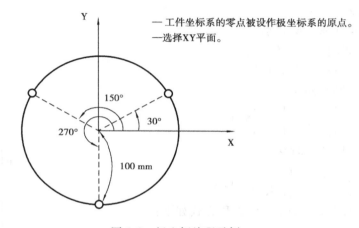

图 5.8　极坐标编程示例

O4001；

N10 G54 G90 G17 G16 G00 Z100.0；　　　打开极坐标编程方式和选择 XY 平面,设定工件坐标系的零点作为极坐标系的原点

N20 Z10.0 S800 M03；

N30 G98 G81 X100.0 Y30.0 Z－10.0 R2.0 F100.0；指定 100 mm 的距离和 30 度的角度

N40 Y150.0；　　　　　　　　　　指定 100 mm 的距离和 150 度的角度

N50 Y270.0；　　　　　　　　　　指定 100 mm 的距离和 270 度的角度

N60 G15 G80；　　　　　　　　　关闭极坐标编程方式和取消固定循环

N70 G00 Z100.0 M30；　　　　　　退刀,程序结束

（5）回参考点指令

1）返回参考点校验指令 G27

指令格式：G27X_Y_Z_；

该指令可以检验刀具是否定位到参考点上,指令中的 X,Y,Z 分别代表参考点在工件坐标

系的坐标值。执行该指令后,如果刀具可以定位到参考点上,则相应轴的参考点指示灯亮。

2)自动返回参考点指令 G28

指令格式:G28X_Y_Z_;

该指令使刀具经由一个中间点(式中 X,Y,Z 指定)回到参考点,一般用于刀具的自动更换,原则上在执行该指令时要取消刀具的半径补偿和长度补偿,使各个轴经过中间点到达参考点。G28 为非模态指令。

如图 5.9 所示,若刀具在 A 点,需通过 B 点返回参考点,则可用下面指令:

$$G28\begin{cases}G90X150.0Y200.0\\G91X100.0Y150.0\end{cases}$$

3)从参考点返回指令 G29

指令格式:G29X_Y_Z_;

该指令使刀具从参考点经由一个中间点(式中 X,Y,Z 指定)而定位于指定点,它经常在 G28 后面,用 G29 指令使所有的被指定的轴以快速进给经由 G28 指定的中间点,然后到达指定点,G29 为非模态指令。

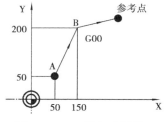

图 5.9　G28 指令示例图

5.2.2　固定循环功能指令及应用

FANUC 0i 系统配备的固定循环功能主要用于孔加工,包括钻孔、镗孔、铰孔和攻螺纹等。使用一个程序段就可以完成一个孔的全部加工。继续加工孔时,如果孔加工的动作无需变更,则程序中所有模态的数据可以不写,因此可以极大地简化程序。

(1)固定循环功能指令的动作和格式

孔加工固定循环通常由以下 6 个动作组成,如图 5.10 所示:

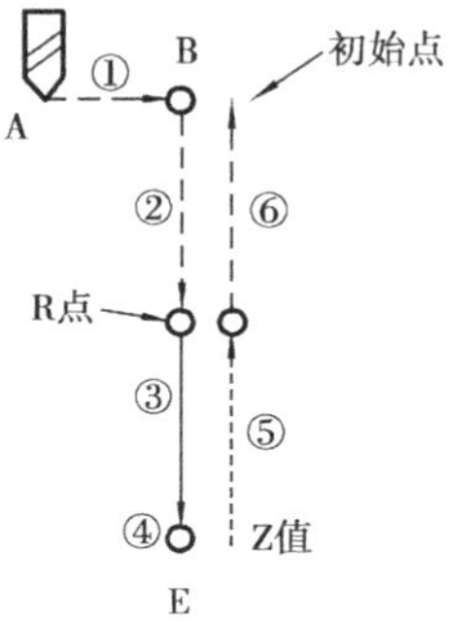

①:A→B　刀具快速定位到孔加工循环起始点 B(X,Y);

②:B→R　刀具沿 Z 方向快速运动到参考平面 R;

③:R→E　孔加工过程(如钻孔、镗孔、攻螺纹等);

④:E 点　孔底动作(如进给暂停、主轴停止、主轴准停、刀具偏移等);

⑤:E→R　刀具退回到参考平面 R;

⑥:R→B　刀具快速退回到初始平面 B。

图 5.10　孔加工固定循环

其中初始点所在的位置平面称为初始平面,初始平面是为安全下刀而规定的一个平面。初始平面到零件表面的距离可以任意设定在一个安全的高度上,当使用同一把刀具加工若干孔时,只有孔间存在障碍需要跳跃或全部孔加工完了时,才使用 G98 功能指令使刀具返回到初始平面上的初始点。

R 点平面又叫做 R 参考平面,这个平面是刀具下刀时自快进转为工进的位置平面。使用 G99 功能指令时,刀具将返回到该平面上的 R 点。R 参考平面须设置在工件加工表面的上方(G87 指令除外),距工件加工表面的距离主要考虑工件表面尺寸的变化,一般可取 2~5 mm。初始平面应高于 R 参考平面。

固定循环的程序段格式如下:

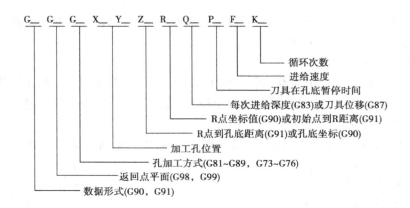

G_ G_ G_ X_ Y_ Z_ R_ Q_ P_ F_ K_

循环次数
进给速度
刀具在孔底暂停时间
每次进给深度(G83)或刀具位移(G87)
R点坐标值(G90)或初始点到R距离(G91)
R点到孔底距离(G91)或孔底坐标(G90)
加工孔位置
孔加工方式(G81~G89，G73~G76)
返回点平面(G98，G99)
数据形式(G90，G91)

其中：

①数据形式 G90(绝对坐标)或 G91(增量坐标)；

②返回点平面指令：G98 为返回初始平面，G99 为返回 R 点平面；

③孔加工方式：根据需要可选择指令 G73 ~ G76，G81 ~ G89 中任一个；

④X,Y：加工孔的位置坐标；

⑤Z：在 G90 时为孔底坐标值；在 G91 时为参考点 R 到孔底的 Z 轴增量值；

⑥R：在 G90 时为 R 点平面的 Z 坐标值；在 G91 时为初始点到 R 点的 Z 轴增量值；

⑦Q：指定每次进给深度(G73,G83 时)或指定刀具的让刀量(G76,G87 时)；

⑧P：指定刀具在孔底的暂停时间；

⑨F：切削进给速度；

⑩K：指定固定循环的次数。如果采用 G90，则是在相同位置重复钻孔；如果采用 G91，则是对等间距孔系进行重复钻孔。

固定循环指令 G73 ~ G76，G81 ~ G89 及其中的 Z，R，P，F，Q 等都是模态指令，一旦被指定后，在加工过程中保持不变，直到指定其他加工方式(G01 ~ G03 等)或使用取消固定循环的 G80 指令为止。所以，加工同一种孔时，加工方式连续执行，不需要对每个孔重新指定加工方式。因而在使用固定循环功能时，应给出循环孔加工所需要的全部数据。固定循环加工方式指令由 G80 消除，同时，参考点 R,Z 的值也被取消。在加工盲孔时孔底平面就是孔底的 Z 轴高度，加工通孔时一般刀具还要伸出工件底平面一段距离，主要是保证全部孔深都加工到尺寸，钻削加工时还应考虑钻头钻尖对孔深的影响。

孔加工循环与平面选择指令(G17,G18 或 G19)无关，即不管选择了哪个平面，孔加工都是在 XY 平面上定位并在 Z 轴方向上钻孔。

(2)孔加工固定循环指令

1)G81 普通钻孔循环

指令格式：

$$\begin{Bmatrix} G90 \\ G91 \end{Bmatrix} \begin{Bmatrix} G98 \\ G99 \end{Bmatrix} G81X\_Y\_Z\_R\_F\_K\_;$$

其动作过程如图 5.11 所示。

①刀具(如钻头)快速定位到孔加工位置的上方，即孔加工循环起始点(X,Y)；

②刀具沿 Z 方向快速运动到 R 参考平面；

③钻孔加工；

④刀具快速退回到 R 参考平面或初始平面。

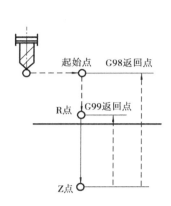

图 5.11　G81 动作过程

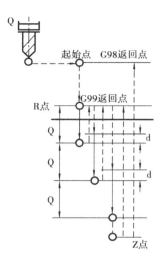

图 5.12　深孔加工循环 G83

2）G82 锪孔循环

指令格式：

$\begin{Bmatrix} G90 \\ G91 \end{Bmatrix} \begin{Bmatrix} G98 \\ G99 \end{Bmatrix} G82X\_Y\_Z\_R\_P\_F\_K\_;$

该指令除了要在孔底暂停外，其他动作与 G81 相同。暂停时间由地址码 P 给出。此指令主要用于锪孔、锪平面、钻、镗阶梯孔等，以提高孔底的表面质量。

3）G83 啄式钻孔循环

指令格式：

$\begin{Bmatrix} G90 \\ G91 \end{Bmatrix} \begin{Bmatrix} G98 \\ G99 \end{Bmatrix} G83X\_Y\_Z\_R\_Q\_F\_K\_;$

其动作过程如图 5.12 所示。

①刀具（如钻头）快速定位到孔加工位置的上方，即孔加工循环起始点（X,Y）；

②刀具沿 Z 方向快速运动到 R 参考平面；

③钻孔加工，进给深度为 Q；

④退刀至 R，快速进给到距上次深度为 d 的高度上（d 由数控系统设定）；

⑤重复③,④,直到要求的加工深度；

⑥刀具快速退回到 R 参考平面或初始平面。

注意 Q 为每次切削深度,Q 为增量值,且为正值。其余参数的意义同前。G83 用于深孔钻削加工,在钻孔时采用间断进给,有利于断屑和排屑,图中的 d 表示刀具间歇进给后每次下降时由快速转为工进时的那一点距前一次切削进给深度之间的距离,由系统参数设定。

4）G73 深孔高速钻削循环

G73 的指令格式和参数意义与 G83 完全相同,但加工动作有所不同,不同之处在于每次加工后退刀时,不是退到 R 平面或初始平面,其退刀量为 d,该值也是由系统参数设定。

5）G84 攻螺纹循环（右旋）

指令格式：

$$\begin{Bmatrix} G94 \\ G95 \end{Bmatrix} \begin{Bmatrix} G98 \\ G99 \end{Bmatrix} G84X\_Y\_Z\_R\_P\_F\_K\_;$$

G84 指令用于切削右旋螺纹孔,其参数的意义同前。向下切削时主轴正转,孔底动作是变正转为反转,再退出。F 的速度值与螺纹导程成严格的比例关系,即:采用 G94 指令时,F 等于主轴转速乘以螺纹的导程;采用 G95 时,F 等于螺纹的导程。在 G84 切削螺纹期间速率修正无效,移动将不会中途停顿,直到循环结束。

G84 右旋螺纹加工循环工作过程如图 5.13 所示。

①主轴正转,丝锥快速定位到螺纹加工位置的上方,即加工循环起始点(X,Y);

②丝锥沿 Z 方向快速运动到 R 参考平面;

③攻螺纹;

④主轴反转,丝锥以进给速度反转退回到 R 参考平面,主轴变为正转;

⑤若采用 G98 指令,则丝锥从 R 参考平面快速退回到初始平面。

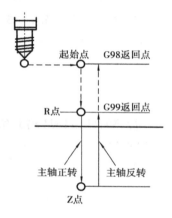

图 5.13　G84 动作过程

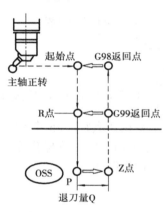

图 5.14　G76 动作过程

6)G74 攻螺纹循环(左旋)

指令格式：

$$\begin{Bmatrix} G94 \\ G95 \end{Bmatrix} \begin{Bmatrix} G98 \\ G99 \end{Bmatrix} G74X\_Y\_Z\_R\_P\_F\_K\_;$$

G74 指令用于切削左旋螺纹孔。主轴反转进刀,正转退刀,正好与 G84 指令中的主轴转向相反,其他运动均与 G84 指令相同。F 的速度值也应与螺纹导程成严格的比例关系。

7)G76 精镗孔循环

指令格式：

$$\begin{Bmatrix} G90 \\ G91 \end{Bmatrix} \begin{Bmatrix} G98 \\ G99 \end{Bmatrix} G76X\_Y\_Z\_R\_Q\_P\_F\_K\_;$$

其动作过程如图 5.14 所示。

①镗刀快速定位到镗孔加工位置的上方,即加工循环起始点(X,Y);

②镗刀沿 Z 方向快速运动到 R 参考平面;

③镗孔加工;

④进给暂停,主轴准停,刀具沿刀尖的反向偏移 Q;

⑤镗刀快速退回到 R 参考平面或初始平面。

G76 指令用于精镗孔加工。镗削至孔底时,主轴停止在定向位置上,即准停,再使刀尖偏移离开加工表面,然后再退刀。这样可以高精度、高效率地完成孔加工而不损伤工件已加工表面。程序格式中,Q 表示刀尖的偏移量,一般为正数,移动方向由机床参数设定,P 为刀具在孔底暂停的时间,单位为毫秒(ms)。图中 OSS 是指主轴准停。

8)G85 镗孔(铰孔)循环

指令格式:

$$\left. \begin{matrix} G90 \\ G91 \end{matrix} \right\} \left. \begin{matrix} G98 \\ G99 \end{matrix} \right\} G85X\_Y\_Z\_R\_F\_K\_;$$

各参数的意义同 G81。镗刀(铰孔)到达孔底后以进给速度退回到参考平面 R 或初始平面,其动作过程如图 5.15 所示。

①镗刀(铰刀)快速定位到镗(铰)孔加工位置的上方,即加工循环起始点(X,Y);

②镗刀(铰刀)沿 Z 方向快速运动到 R 参考平面;

③镗孔(铰孔)加工;

④镗刀(铰刀)以进给速度退回到 R 参考平面或初始平面。

9)G86 粗镗孔加工循环

指令格式为:

$$\left. \begin{matrix} G90 \\ G91 \end{matrix} \right\} \left. \begin{matrix} G98 \\ G99 \end{matrix} \right\} G86X\_Y\_Z\_R\_F\_K\_;$$

与 G85 的区别是:在到达孔底位置后,主轴停止转动,并快速退出。各参数的意义同 G85。

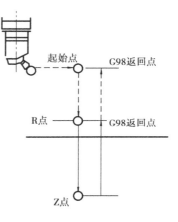

图 5.15　G85 动作过程

10)G87 背镗孔循环

指令格式为:

$$\left. \begin{matrix} G90 \\ G91 \end{matrix} \right\} G98G87X\_Y\_Z\_R\_Q\_F\_K\_;$$

这种镗孔方式适用于上小下大但孔径差别不是太大的台阶孔。其动作过程如图 5.16 所示。

①镗刀快速定位到镗孔加工位置的上方,即加工循环起始点(X,Y);

②主轴准停,刀具沿刀尖的反方向偏移 Q;

③镗刀沿 Z 方向快速运动到 R 参考平面(孔底);

④镗刀沿刀尖正向偏移 Q;

⑤反向镗孔加工到 P 点;

⑥进给暂停,主轴准停,刀具沿刀尖的反方向偏移 Q;

⑦镗刀快速退回到初始平面。

注意:在该指令中不能用 G99 指令,R 参考平面在零件下表面的下方。图中 OSS 是指主轴准停。

11)G80 固定循环取消

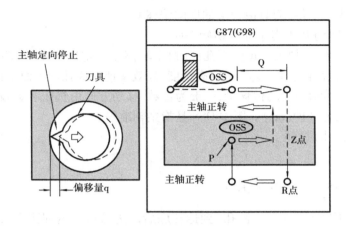

图 5.16　G87 动作过程

G80 为孔加工循环取消指令,与其他孔加工循环指令成对使用。

12)固定循环编程示例

加工如图 5.17 所示的两个螺纹孔和两个通孔。工件上表面作为工件坐标系中的 Z 轴零点,X,Y 原点如图所示。使用刀具:φ2 中心钻、φ6.5 麻花钻、M8 丝锥、φ30 镗刀。

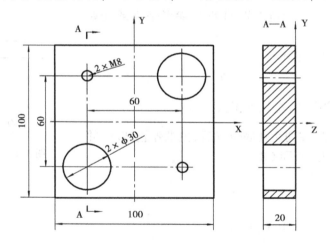

图 5.17　孔加工示例图

①加工 2×M8 螺纹底孔的程序

采用先钻中心孔,再钻螺纹底孔,最后加工螺纹(螺距 P=1.5 mm)。

加工中心孔程序:(采用 G81)

O0001;

N10 G54 G00 G90 X－30.0 Y30.0 S1000 M03;

N20 Z10.0;

N30 G98 G81 X－30.0 Y30.0 Z－2.0 R3.0 F100.0;

N40 X30.0 Y－30.0;

N50 G80;

N60 G00 Z100.0;

N70 M02；

加工螺纹底孔程序：（采用 G83）

O0002；

N10 G54 G00 G90 X－30.0 Y30.0 S1000 M03；

N20 Z10.0；

N30 G98 G83 X－30.0 Y30.0 Z－25.0 R4.0 Q5.0 F50.0；

N40 X30.0 Y－30.0；

N50 G80；

N60 G00 Z100.0；

N70 M02；

加工螺纹程序：（采用 G84）

O0003；

N10 G54 G00 G90 X－30.0 Y30.0 S80 M03；

N20 Z10.0；

N30 G98 G84 X－30.0 Y30.0 Z－22.0 R2.0 F120.0（F＝S＊P）；

N40 X30.0 Y－30.0；

N50 G80；

N60 G00 Z100.0；

N70 M02；

②2×φ30 孔的底孔已经加工，本程序只是镗孔加工。其程序为：

O0004；

N10 G54 G00 G90 X30.0 Y30.0 S300 M03；

N20 Z10.0；

N30 G98 G85 X30.0 Y30.0 Z－21.0 R4.0 F30.0；

N40 X－30.0 Y－30.0；

N50 G80；

N60 G00 Z100.0；

N70 M02；

5.2.3　其他常用编程指令

（1）子程序

采用子程序可以简化程序结构，缩短程序长度。子程序中的内容具有相对的独立性，因而可以将实际加工中每一个独立的工序编写成一个子程序，而主程序只有换刀和调用子程序等指令，并且子程序还可以有限层嵌套调用。

指令格式：

OXXXX；　　　　　主程序

　⋮

M98 P＿＿＿＿L＿ ；

　⋮

M30；

O＿＿＿＿；　　　子程序

⋮

M99；

子程序的开头以字母"O"开始,后跟四个不全为零的数。M98 是调用子程序指令,地址 P 后的四位数字为子程序的程序号,地址 L 后的数字表示子程序重复调用的次数,如果只调用 1 次可以省略不写,系统允许调用的最大次数为 9 999 次。M99 为子程序结束指令,M99 不一定要单独使用一个程序段,如 G00 Z_M99 也是允许的。

当主程序执行到 M98 PXXXX LXXXX 时,系统将自动跳转到子程序,把子程序执行完了后再返回到主程序继续执行后面的程序段,直到主程序结束,如图 5.18 所示。

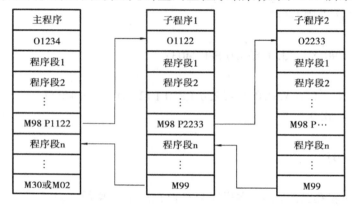

图 5.18　子程序嵌套调用示意图

一次装夹加工多个相同零件或一个零件中有几处形状相同、加工轨迹相同时,可使用子程序编程。如图 5.19 所示,编制加工两个相同工件的程序。Z 轴开始点为工件上方 100 mm 处,切深 10 mm。

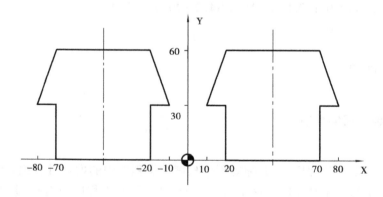

图 5.19　重复加工编程示例

主程序：

O00001

N10 G90 G54 G00 Z100.0 S1000 M03；

N20 X－90.0 Y－10.0；

N30 M98 P100；

124

N40 G90 G00 X0.0 Y - 10.0；

N50 M98 P100；

N60 G90 G00 Z100.0；

N70 M30；

子程序：

O100；

N10 G91 G00 Z - 95.0；

N20 G41 X20.0 Y10.0 D01；

N30 G01 Z - 15.0 F100.0；

N40 Y30.0；

N50 X - 10.0；

N60 X10.0 Y30.0；

N70 X50.0；

N80 X10.0 Y - 30.0；

N90 X - 10.0；

N100 Y - 30.0；

N110 X - 50.0；

N120 G40 X - 20.0 Y - 10.0；

N130 G00 Z110.0；

N140 M99；

(2)G68,G69 **旋转加工指令**

指令格式为：

G68 X_ Y_ Z_ R_；

⋮

G69；

式中：X,Y 为旋转中心坐标；R 为旋转的角度,以 X 轴正向为起点,逆时针方向为正,顺时针方向为负。G69 为旋转加工取消指令。

加工如图 5.20 所示轮廓,加工深度 2,用旋转加工功能 G68 编写的程序如下：

主程序：

O0001；

N05 G54 G90 G00 Z50.0；

N10 X0.0 Y0.0 S800 M03；

N20 M98 P0200；

N25 G68 X0.0 Y0.0 R45.0；

N30 M98 P0200；

N35 G68 X0.0 Y0.0 R90.0；

N40 M98 P0200；

N45 G68 X0.0 Y0.0 R135.0；

N50 M98 P0200；

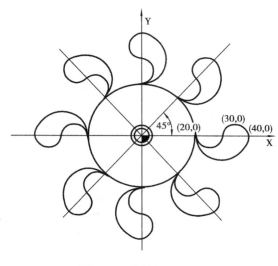

图 5.20　旋转加工功能

```
    ：
N100 G69 M30；
子程序：O0200；
N05 G90 G00 X25.0 Y5.0 Z10.0；
N10 G01 Z－2.0 F100.0；
N15 G41 X20.0 Y0.0 D01 F200.0；
N20 G03 X30.0 Y0.0 R5.0 ；
N25 G02 X40.0 Y0.0 R5.0；
N30 G02 X20.0 Y0.0 R10.0；
N35 G40 G01 X25.0 Y5.0；
N40 G00 Z10.0；
N45 M99；
```

（3）G51，G50 **缩放加工指令**

指令格式为：

```
G51 X_Y_Z_P_
    ：
G50
```

式中：G51 为建立缩放，G50 为取消缩放，X，Y，Z 为缩放中心坐标，P 为缩放系数。

G51 既可指定平面缩放，也可指定空间缩放。在 G51 后，运动指令的坐标值以（X，Y，Z）为缩放中心，按 P 规定的缩放比例进行计算。在有刀具补偿的情况下，先进行缩放，然后才进行刀具半径补偿、刀具长度补偿。

G51，G50 为模态指令，可相互注销，G50 为缺省值。

如图 5.21 所示三角形，顶点为 A（0,53.333），B（－40，－26.667），C（40，－26.667），若缩放中心为（0,0），缩放系数为 0.5 倍，则使用缩放功能编制的加工主程序为：

```
O0001；
N10 G54 G00 G90 Z100.0 S1000 M03；
N20 X－50.0 Y－40.0；
N30 Z20.0；
N40 G01 Z－16.0 F100.0；
N50 M98 P100；
N60 G01 Z－6.0 F100.0；
N70 G51 X0.0 Y0.0 P0.5；
N80 M98 P100；
N90 G50；
N100 G00 Z100.0；
N110 M30；
    ：
```

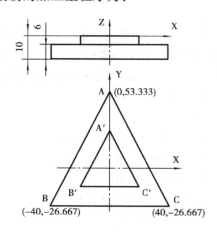

图 5.21　△ABC 缩放示意图

运行该程序时，机床将自动计算出三角形 A′B′C′三点的坐标数据，按缩放后的图形 A′B′C′进行加工。P100 为加工三角形 ABC 的子程序。

5.3　用户宏程序编程

宏程序的使用使数控加工手工编程更加灵活,现代 CNC 系统一般都提供宏程序编程功能和宏子程序的调用功能。但不同数控系统的指令和格式都可能不同,编程者在应用时应参考所使用的数控机床编程手册。下面举例说明 FANUC 0i 系统的宏程序编程方法。

例 1　如图 5.22 所示,要求加工一个椭圆,加工深度 3 毫米,椭圆的参数方程:

$$\begin{cases} x = a \cdot \cos(t) \\ y = b \cdot \sin(t) \end{cases}$$

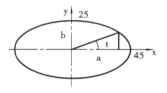

图 5.22　椭圆示意图

宏程序编制如下:

O1001	
N02 #100 = 1.0	角度步长
N04 #101 = 0.0	初始角度
N06 #102 = 361.0	终止角度
N08 #103 = 45.0	长半轴
N10 #104 = 25.0	短半轴
N12 #105 = −3.0	深度
N13 G90G00X[#103 + 20]Y0Z100.0	刀具运行到(65,0,100)的位置
N14 S1000M03	
N15 G01Z[#105]F1000.0	刀具下到 −3 mm
N16 #114 = #101	赋初始值
N18 #112 = #103 * COS[#114]	计算 X 坐标值
N20 #113 = #104 * SIN[#114]	计算 Y 坐标值
N22 G01G42X[ROUND[#112]]Y[ROUND[#113]]D02F500.0	
	走到第一点,并运行一个步长
N24 #114 = #114 + #100	变量#114 增加一个角度步长
N26 IF[#114LT#102]GOTO18	条件判断#114 是否小于 361,满足则返回 18
N28 G01G40X[#103 + 20]Y0.0	取消刀具补偿,回到(65,0)
N30 G90G00Z100.0M05	快速抬刀
N32 M30	程序结束

例 2　如图 5.23 所示,要求采用球头铣刀精加工一个半球面。

从加工工艺上看,最好的走刀方式是以角度为自变量的等角度水平环绕加工。从图上可以看出,无论加工的是一个标准的半球面还是半球面的一部分,每层都以 G02 方式走刀,并且采用自下而上的加工方式。为了减少接刀痕的影响,在每一层的开始和结束位置采用 1/4 圆弧切入切出的进退刀方式(圆弧半径固定设置为刀具的半径)。

宏程序编制如下:

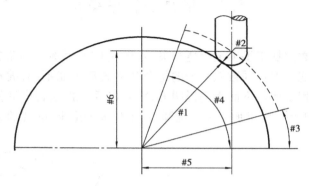

图 5.23　球面截面示意图

O1002;

N10 G54 S1000 M03;

N20 #1 = 30.0;　　　　　　　　　　　　半球面的圆弧半径

N30 #2 = 5.0;　　　　　　　　　　　　　球头铣刀的半径

N40 #3 = 0.0;　　　　　　　　　　　　　(ZX 平面)角度自变量,赋初始值

N50 #4 = 90.0;　　　　　　　　　　　　球面终止角度

N60 #17 = 1.5;　　　　　　　　　　　　角度每次递减量

N70 #12 = #1 + #2;　　　　　　　　　　球心与刀心连线距离(常量)

N80 G00 G90 Z[#1 + 30.0];　　　　　　定位在球面上方的安全高度

N90 WHILE [#3 LE #4] DO 1;　　　　　如果#3≤#4,循环 1 开始

N100 #5 = #12 * COS[#3];　　　　　　　任意角度时铣刀球心的 X 坐标

N110 #6 = #12 * SIN[#3];　　　　　　　任意角度时铣刀球心的 Z 坐标

N120 X[#5 + #2] Y[#2];　　　　　　　　定位到进刀点

N130 Z[#6 + 10.0];　　　　　　　　　　切削深度上方 10 mm 处

N140 G01 Z[#6] F200.0;　　　　　　　　进刀到切削深度上

N150 G03 X[#12] Y0.0 R[#2];　　　　　G03 圆弧进刀

N160 G02 I[#5] J0.0;　　　　　　　　　沿球面 G02 走整圆

N170 G03 X[#12] Y[-#2] R[#2];　　　　G03 圆弧退刀

N180 G01 Z[#6 + 1.0];　　　　　　　　　在当前高度上提刀 1 mm

N190 Y[#2];　　　　　　　　　　　　　　Y 方向退到进刀点

N200 #3 = #3 + #17;　　　　　　　　　　角度#3 每次递增#17

N210 END 1;　　　　　　　　　　　　　　循环 1 结束

N220 G00 Z[#1 + 30.0];　　　　　　　　提刀

N230 M30;　　　　　　　　　　　　　　　程序结束

例 3 如图 5.24 所示,要求沿直线方向钻一系列孔,直线的倾角由 G65 命令行传送的 X 和 Y 变量来决定,钻孔的数量则由变量 T 传送。

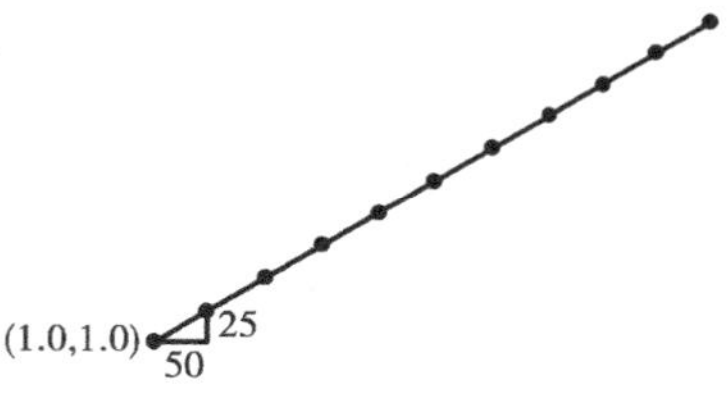

图 5.24 直线上的孔

G90 G00 X1.0 Y1.0 Z10.0;	刀具定位,起始孔位
G65 P9010 X50.0 Y25.0 Z10.0 F10.0 T10;	调用 9010 宏子程序,传送的参数有 X,Y,Z,F,T
G28 M30;	返回参考点,程序结束并返回
09010;	宏子程序
T#20;	钻孔数量传给 20 号变量
G81 Z#26 F#9;	定义钻孔循环,钻孔深度 Z(26 号变量)为 10 mm,进给速度传给 9 号变量
G91;	X,Y 坐标改为增量坐标
WHILE [#20GT0] D01;	如果 20 号变量 >0,循环执行以下语句 1 次
#20 = #20 − 1;	孔数减 1
IF [#20 EQ 0] GOTO 5;	如果孔数 =0,转入 N5 结束
G00 X#24 Y#25;	移到下一个孔位,增量编程,间距为 X = 50, Y = 25
N5 END 1;	WHILE 循环过程结束
M99;	返回调用处

5.4 华中数控系统功能及编程简介

本节以华中世纪星 HNC-22M 为基础介绍华中系统的一些编程指令和编程方法。

5.4.1 零件程序的格式

(1)文件名

程序文件名格式是由字母 O 后跟一位或多位数字组成,新建立的文件名不能与数控系统中已经存在的文件名相同。华中系统的文件名如果不以字母 O 开头,则不能直接读取,但该程序仍然存在于数控系统中;如果需读取不以 O 字母开头的文件,应在系统操作屏幕上按程序"程序编辑"键,再按"新建程序"键,在出现的"输入新建程序名"对话框中输入欲读取的文件,按回车键(Enter)即可读出。

(2)程序名

文件名建立后即可编写程序,程序第一行须写程序名,程序名是由字母 O 或%开头,后跟程序号(必须是数字)组成。子程序接在主程序结束指令后编写,程序名不能和主程序名或其他子程序名相同。

5.4.2 华中系统的功能

华中系统和前面讲述的 FANUC 系统一样,系统的功能包括准备功能、辅助功能、F,S 等功能,这里不再重复,只简单介绍华中系统的一些其他功能。

（1）G09 **准停检验**

一个包括 G09 的程序段在继续执行下个程序段前,准确停止在本程序段的终点。该功能用于加工尖锐的棱角。G09 为非模态指令。

编写加工图 5.25 所示两条轮廓边的程序,要求准确停止在本程序段的终点。

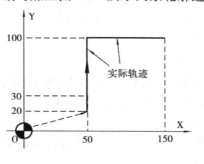

图 5.25　G09 功能示例图

```
⋮
G90 G41 G01 X50 Y20 D01
G01 G09 Y100 F300
G09 X150
⋮
```

（2）G24,G25 **镜像功能指令**

指令格式:

```
G24 X_ Y_ Z_
M98 P_
G25 X_ Y_ Z_
```

式中 G24 为建立镜像指令,G25 为取消镜像指令,X,Y,Z 为镜像位置。当工件相对于某一轴具有对称形状时,可以利用镜像功能和子程序,只对工件的一部分进行编程,就能加工出工件的对称部分,这就是镜像功能。当某一轴的镜像有效时,该轴执行与编程方向相反的运动。

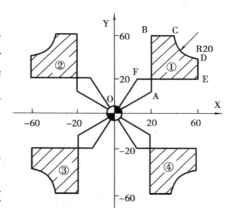

图 5.26　镜像功能示例图

G24,G25 为模态指令,可相互注销,G25 为缺省值。

使用镜像功能编制如图 5.26 所示轮廓的加工程序。工件原点设在工件对称中心上表面处,切削深度 2 mm。

预先在 MDI 功能中"刀具表"设置 01 号刀具半径值 D01 = 6.0。

主程序

O0024	
N10 G54 G90	建立工件坐标系
N20 S800 M03	
N30 M98 P0025	加工①
N40 G24 X0	Y 轴镜像,镜像位置为 X = 0
N50 M98 P0025	加工②
N60 G24 Y0	X,Y 轴镜像,镜像位置为(0,0)
N70 M98 P0025	加工③
N80 G25 X0	X 轴镜像继续有效,取消 Y 轴镜像

N90　M98　P0025　　　　　　　　　　加工④

N100　G25　Y0　　　　　　　　　　　取消镜像

N110　G00　Z100　　　　　　　　　　抬刀

N120　M30　　　　　　　　　　　　　程序结束

子程序

O0025

N10　G00　G90　Z10　　　　　　　　定位到工件上方 10 mm 处

N20　X0　Y0　　　　　　　　　　　　定位到原点 O 处

N30　G01　Z－2　F100　　　　　　　切入工件 2 mm

N40　G41　X20　Y10　D01　F300　　O→A

N50　Y60　　　　　　　　　　　　　A→B

N60　X40　　　　　　　　　　　　　B→C

N70　G03　X60　Y40　R20　　　　　C→D

N80　G01　Y20　　　　　　　　　　D→E

N90　X10　　　　　　　　　　　　　E→F

N100　G40　X0　Y0　　　　　　　　F→O

N110　G00　Z10　M99　　　　　　　抬刀,子程序结束

(3) G68,G69 **旋转编程指令**

指令格式为:

G68　X_　Y_Z_　P_

　⋮

G69

式中:G68 为建立旋转指令,X,Y,Z 为旋转中心坐标;P 为旋转的角度,单位为度,0≤P≤360°,以 X 轴正向为起点,顺时针方向为负,逆时针方向为正。G69 为旋转加工取消指令。

在有刀具补偿的情况下,先旋转后刀补(刀具半径补偿,长度补偿),在有缩放功能的情况下,先缩放后旋转。

(4) G73 **高速深孔加工循环**

$$\begin{Bmatrix} G90 \\ G91 \end{Bmatrix} \begin{Bmatrix} G98 \\ G99 \end{Bmatrix} G73X\_Y\_Z\_R\_Q\_K\_F\_L\_$$

式中:Q 为每次进给深度,为负值;K 为每次退刀距离,为正值,且要满足｜Q｜＞K;L 为重复钻孔的次数,和前述的 FANUC 系统中的 K 为同一意义。其余参数的意义请参看前述的 FANUC 0i 系统的 G73 指令。其动作过程如图 5.27 所示。

(5) G83 **深孔加工循环**

$$\begin{Bmatrix} G90 \\ G91 \end{Bmatrix} \begin{Bmatrix} G98 \\ G99 \end{Bmatrix} G83X\_Y\_Z\_R\_Q\_K\_F\_L\_$$

式中:Q 为每次进给深度,为负值;K 为每次退刀后,再次进给时,由快速进给转换为切削进给时距上次加工面的距离,为正值。且要满足｜Q｜＞K;其余参数的意义与前述的 FANUC 0i 系统的 G83 指令相同。其动作过程如图 5.28 所示。

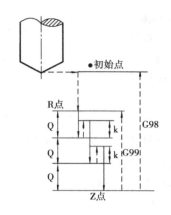

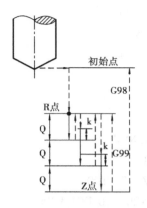

图 5.27　G73 动作过程图　　　　　　　　图 5.28　G83 动作过程图

（6）G87 **反镗循环**

指令格式：

$$\begin{Bmatrix} G90 \\ G91 \end{Bmatrix} G98G87\ X\_Y\_Z\_R\_P\_I\_J\_L\_$$

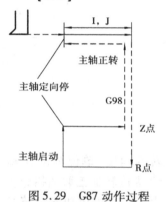

式中 I 为 X 轴刀尖反向位移量，J 为 Y 轴刀尖反向位移量。其余参数同 FANUC 0i 系统的 G87。特别要注意的是，如果式中 Z 轴为零时该指令不执行。

该指令的动作如图 5.29 所示。

5.4.3　华中系统宏程序编程

和前面的宏程序一样，用户可以使用变量进行算术运算、逻辑运算和函数的混合运算，此外宏程序还提供了循环语句、分支语句和子程序调用语句，用于编制各种复杂的零件加工程序，减少乃至免除手工编程时进行繁琐的数值计算，精简程序量。

图 5.29　G87 动作过程

（1）**条件判别语句** IF，ELSE，ENDIF

指令格式 1：

IF 条件表达式

⋮

ELSE

⋮

ENDIF

指令格式 2：

IF 条件表达式

⋮

ENDIF

（2）**循环语句** WHILE，ENDW

指令格式

WHILE 条件表达式

⋮

ENDW

（3）**宏程序编程实例**

加工圆台与斜方台,要求倾斜 10°的斜方台与圆台相切,圆台在方台之上,如图 5.30 所示。

加工宏程序编制如下:

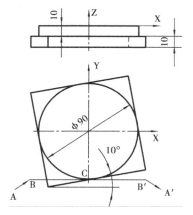

图 5.30　华中世纪星宏程序示例图

程序	说明
O2001	
#5 = 90.	圆台直径
#10 = 10.0	圆台阶高度
#12 = 124.0	圆外定点的 X 坐标值
#13 = 124.0	圆外定点的 Y 坐标值
G54 G00 G90 Z100.0 M03 S1000	建立工件坐标系,定位到安全高度
X[−#12] Y[−#13];	→A
Z10	Z 轴进刀,准备加工圆台
#1 = 0	初始深度
WHILE #1 LE #10	如果#1≤#10,循环开始
G01 Z[−#1] F200	下刀到切削深度
G01 G42 X[−#12/2] Y[−#5/2] D01 F280	→B(刀补号 D01 = 8)
X0	→C
G03 I0 J[#5/2]	整圆加工
G01 X[#12/2]	→B'
G40 X[#12] Y[−#13]	→A'
G00 Z10	退刀
X[−#12] Y[−#13]	→A
#1 = #1 + 1	#1 中数值加 1
ENDW	
G68 X0 Y0 P10	坐标系旋转 10°
G00 X[−#12] Y[−#13]	定位到方台外面安全位置
Z10	Z 轴进刀,准备加工斜方台
#15 = 10	方台深度自变量,赋初值 10
WHILE #15 LE 20	如果#15≤20,循环开始
G01 Z[−#15] F200	下刀到切削深度
G41 X[−#5/2] Y[−#5/2] D01	采用 G41 刀补,补偿号 D01
Y[#5/2]	方台加工开始
X[#5/2]	
Y[−#5/2]	
X[−#5/2]	

G40 X[−#12] Y[−#13] F500	取消刀补,回到初始定位点
#15 = #15 + 1	深度自变量每循环一次加1
ENDW	循环结束
G69	取消旋转
G00 Z100	退刀
M30	程序结束

5.5 数控铣床典型零件编程

5.5.1 槽加工实例

毛坯为70 mm×70 mm×18 mm 板材,六面均已粗加工过,要求数控铣铣出如图5.31 所示的槽,工件材料为45 钢,试编写加工程序。

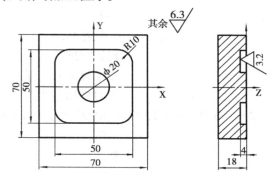

图5.31 铣槽加工举例

(1)根据图样要求、毛坯及前道工序加工情况,确定工艺方案及加工路线

1)以已加工过的底面为定位基准,用通用台虎钳夹紧工件前后两侧面,台虎钳固定于铣床工作台上。

2)工步顺序

①铣刀先走圆轨迹,再加工50 mm×50 mm 四角倒圆的正方形。

②每次切深为2 mm,分两次加工完。

(2)选择机床设备

根据零件图样要求,选用经济型数控铣床即可达到要求。故选用XKN7125 型数控立式铣床。

(3)选择刀具

采用φ10 mm 的键槽铣刀,并把该刀具的半径输入刀具参数表中。

(4)确定切削用量

切削用量的具体数值应根据该机床性能、相关的手册并结合实际经验确定,详见加工程序。

(5)确定工件坐标系和对刀点

以工件中心为编程原点,Z 方向以工件上表面为工件原点,建立工件坐标系,如图5.31

所示。

采用手动对刀方法对刀。

（6）编写程序

按该机床规定的指令代码和程序段格式，把加工零件的全部工艺过程编写成程序清单。

考虑到加工 4 mm 深的槽，分两次加工完，每次切深为 2 mm，为编程方便，同时减少指令条数，采用了子程序编程方法。该工件的加工程序如下：

主程序：

O0018

N0010 G54 G90 G00 Z50.0 S800 M03；

N0020 X15.0 Y0.0 M08；

N0030 G43 Z2.0 H01；

N0040 G01 Z－2.0 F80.0；

N0050 M98 P100；

N0060 G01 Z－4.0 F80；

N0070 M98 P100 ；

N0080 G01 Z2.0 F80；

N0090 G00 X0.0 Y0.0 M05 M09；

N0100 Z100.0

N0110 M02；

子程序：

O100

N001 G03 X15.0 Y0.0 I－15.0 J0.0 F150.0；

N002 G41 G01 D01 X25.0 Y15.0 ；

N003 G03 X15.0 Y25.0 I－10.0 J0.0；

N004 G01 X－15.0；

N005 G03 X－25.0 Y15.0 I0.0 J－10.0；

N006 G01 Y－15.0；

N007 G03 X－15.0 Y－25.0 I10.0 J0.0；

N008 G01 X15.0；

N009 G03 X25.0 Y－15.0 I0.0 J10.0；

N010 G01 Y15.0；

N011 G40 G01 X15.0 Y0.0；

N012 M99

5.5.2 外轮廓加工实例

毛坯为 120 mm ×60 mm ×10 mm 铝板材，5 mm 深的外轮廓已粗加工过，周边留 2 mm 余量，要求加工出如图 5.32 所示的外轮廓及 φ20 mm 深 10 mm 的孔，试编写加工程序。

（1）根据图纸要求，确定工艺方案及加工路线

1）以底面为定位基准，两侧用压板压紧，固定于铣床工作台上；

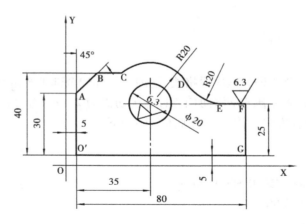

图 5.32　铣钻加工举例

2）工步顺序：

①钻孔 φ20 mm；

②按 O′ABCDEFGO′线路铣削轮廓。

（2）**选择机床设备**

选用经济型数控铣床华中Ⅰ型（XZK7532 型）数控铣钻床。

（3）**选择刀具**

采用 φ20 mm 的钻头，钻削 φ20 mm 孔；φ10 mm 的立铣刀用于轮廓的铣削，并把该刀具的直径输入刀具参数表中。由于华中Ⅰ型数控钻铣床没有自动换刀功能，钻孔完成后，直接手工换刀。

（4）**确定切削用量**

切削用量的具体数值应根据该机床性能、相关的手册并结合实际经验确定，详见加工程序。

（5）**确定工件坐标系和对刀点**

在 XOY 平面内确定以 O 点为工件原点，Z 方向以工件上表面为工件原点，建立工件坐标系，如图 5.31 所示。采用手动对刀方法对刀。

（6）**编写程序**

按该机床规定的指令代码和程序段格式，把加工零件的全部工艺过程编写成如下程序：

1）加工 φ20 mm 孔程序（手工安装好 φ20 mm 钻头）

O7528

G54 G90 M03 S300；

G00 Z50.0；

G98 G81 X40.0 Y30.0 Z－12.0 R3.0 F80.0；

G28 X5.0 Y5.0；

M05；

M02；

2）铣轮廓程序（手工安装好 φ10 mm 立铣刀）

O7529

```
G54 G90 G00 Z5.0 S1000 M03;
X - 5.0 Y - 10.0
G41 D01 X5.0 Y - 10.0;
G01 Z - 5.0 F150.0;
G01 Y40.0;
G01 X15.0 Y45.0;
G01 X26.8;
G02 X57.3 Y40.0 R20.0;
G03 X74.6 Y30.0 R20.0;
G01 X85.0;
G01 Y5.0;
G01 X - 5.0;
G40 G00 Z100.0;
M05;
M02;
```

5.5.3 模具零件加工实例

在数控铣床上加工如图 5.33 所示模具零件,材料 HT200,零件外形已经加工到 77 mm × 70 mm × 35 mm,试分析该零件的数控铣削加工工艺,编写加工程序。

(1)根据图纸要求,确定工艺方案及加工路线

1)工艺分析及装夹方案

该零件主要的加工对象有平面、轮廓、型腔及孔系。两个台阶面表面粗糙度要求均为 Ra1.6 μm,其余面为 Ra3.2 μm,所以加工方案采用数控铣,先粗铣后精铣。

台阶孔 4×φ6 和 4×φ8.5 无尺寸公差要求,而 φ6 孔的表面粗糙度要求为 Ra1.6 μm,因此采用钻孔→铰孔的方式,φ8.5 孔的表面粗糙度要求较低,可以采用锪孔即可。

由于工件为方形,且底面和侧面已经加工到尺寸,所以定位基准面选择工件的侧面和底面。利用平口钳装夹工件。装卡工件时,要以底面为主要定位基准,以保证零件上孔的垂直度要求。

2)工步顺序

①铣上台阶面1;

②铣上台阶面2;

③钻 4×φ6 孔的中心孔;

④钻 4×φ6 底孔;

⑤铰 4×φ6 孔;

⑥锪 4×φ8.5 孔。

(2)选择机床设备

选用加工型华中 Ⅱ 型(XK714 型)数控铣床。

(3)选择刀具

选 φ32 可转位硬质合金立铣刀对面 1 进行粗加工,采用分层铣削去除大余量,再选用 φ16

137

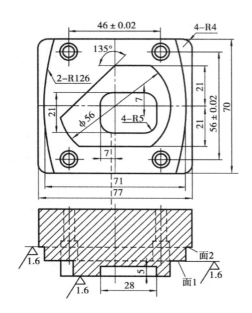
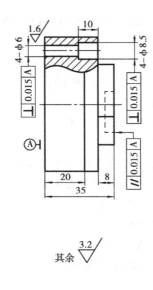

图 5.33 模具零件加工示例图

的整体硬质合金铣刀对轮廓进行精加工;加工面 2 时用 φ16 的整体硬质合金铣刀分层加工,一次加工到尺寸;采用 φ2.5 中心钻点孔;φ5.8 的钻头钻底孔;φ6H7 的铰刀铰孔;采用自制的 φ8.5 立铣刀锪孔。

（4）确定切削用量

切削用量的具体数值应根据该机床性能、相关的手册并结合实际经验确定,详见加工程序。

（5）确定工件坐标系和对刀点

由于孔距 46 + 0.02, 56 ± 0.02 的设计基准是工件的对称中心,孔深和槽深均以上表面为设计基准,所以选择工件的上表面中心为程序原点。对刀时,Z 轴方向用 Z 轴设定器,X 轴、Y 轴方向用电子寻边器对刀。

（6）编写程序

按该机床规定的指令代码和程序段格式,把加工零件的全部工艺过程编写成如下程序:

1)加工台阶面 1(手工换上 φ32 可转位硬质合金立铣刀)

本程序为 φ32 可转位硬质合金立铣刀加工,去除工件的大余量,为了简化程序,缩短程序的长度,因此采用子程序编程。

主程序:

O4030;

N10 G54 G00 G90 Z100.0;

N20 X - 60.0 Y55.0 S1200 M03;

N30 Z10.0 M08;

N40 G01 Z0.0 F1500.0;

N50 M98 P1111 L16;

N60 G90 G00 Z100.0 M09;

N70 M30;

子程序

O1111;

N10 G91 Z－0.5 F600;

N20 G90 G41 Y21.0 D01;

N30 X18.52;

N40 G02 Y－21.0 R28.0;

N50 G01 X－18.52;

N60 G02 X－27.285 Y－6.285 R28.0;

N70 G01 X0.0 Y21.0;

N80 G40 Y55.0 F1500.0;

N90 X－60.0;

N100 M99;

2）精加工面 1 轮廓（手工换上 φ16 的整体硬质合金铣刀）

该程序为 φ16 的整体硬质合金铣刀加工台阶外轮廓，同时 Z 方向对刀要精准，保证和上把刀加工后的表面接刀痕迹很小，尽量达到 Ra1.6 μm 的要求（或者减少手工抛光的余量）。该部分的加工程序如下：

O4031;

N10 G54 G00 G90 Z100.0;

N20 X－10.0 Y45.0 S1000 M03;

N30 Z10.0 M08;

N40 G01 Z－8.0 F800.0;

N50 G41 Y21.0 D02 F200.0;

N60 X18.52;

N70 G02 Y－21.0 R28.0;

N80 G01 X－18.52;

N90 G02 X－27.285 Y－6.285 R28.0;

N100 G01 X0.0 Y21.0;

N110 G40 Y35.0 F1500.0;

N120 G00 Z100.0 M09;

N130 M30;

3）加工台阶面 2（手工换上 φ16 的整体硬质合金铣刀）

该程序为 φ16 的整体硬质合金铣刀加工 R126 圆弧的外轮廓，中间连接部分没有加工表面，因此采用快速走刀以减少加工时间，提高加工效率，并且编程时把圆弧端点往外延伸 1 mm，防止切到工件边缘。该部分的加工也采用分层加工，加工程序如下：

主程序

O4032;

N10 G54 G00 G90 Z100.0;

N20 X0.0 Y－50.0 S1000 M03;

N30 Z10.0 M08；

N40 G01 Z－8.0 F500.0；

N50 M98 P2222 L14；

N60 G90 G00 Z100.0 M09；

N70 M30；

子程序

O2222；

N10 G91 G01 Z－0.5 F1000.0；

N20 G90 G41 Y－36.0 D03 F600.0；

N30 X－30.248；

N40 G02 Y36.0 R126.0；

N50 G01 X30.248 F3000.0；

N60 G02 Y－36.0 R126.0 F600.0；

N70 G01 X0.0 F500.0；

N80 G40 Y－50.0；

N90 M99；

4）加工4×φ6孔的中心孔（手工换上φ2.5的中心钻）

O4033；

N10 G54 G90 G00 Z100.0；

N20 X23.0 Y28.0 S1000 M03；

N30 Z10.0；

N40 G98 G81 X23.0 Y28.0 Z－9.0 R－6.0 F80.0；

N50 X－23.0；

N60 Y－28.0；

N70 X23.0；

N80 G80；

N90 G00 Z100.0；

N100 M30；

5）加工4×φ6底孔（手工换上φ5.8的麻花钻）

O4034；

N10 G54 G90 G00 Z100.0；

N20 X23.0 Y28.0 S800 M03；

N30 Z10.0 M08；

N40 G98 G83 X23.0 Y28.0 Z－38.0 R－6.0 Q－3.0 K1.0 F40.0；

N50 X－23.0；

N60 Y－28.0；

N70 X23.0；

N80 G80；

N90 G00 Z100.0 M09；

N100 M30；

6）铰 4 × φ6 孔（手工换上 φ6H7 的铰刀）

O4033；

N10 G54 G90 G00 Z100.0；

N20 X23.0 Y28.0 S80 M03；

N30 Z10.0 M08；

N40 G98 G81.0 X23.0 Y28.0 Z − 38.0 R − 6.0 F20.0；

N50 X − 23.0；

N60 Y − 28.0；

N70 X23.0；

N80 G80；

N90 G00 Z100.0 M09；

N100 M30；

7）锪 4 × φ8.5 孔（手工换上 φ8.5 的立铣刀）

O4033；

N10 G54 G00 G90 Z100.0；

N20 X23.0 Y28.0 S1200 M03；

N30 Z10.0 M08；

N40 G98 G82 X23.0 Y28.0 Z − 18.0 R − 5.0 F100.0 P1；

N50 X − 23.0；

N60 Y − 28.0；

N70 X23.0；

N80 G80；

N90 G00 Z100.0 M09；

N100 M30；

思考题与习题

1. 数控铣床编程的特点是什么？

2. 数控铣床常用的固定循环有几种并说明其含义。

3. 数控铣床是怎样调用子程序的？

4. 比较华中数控系统和 FANUC 数控系统在编程上的不同点。

5. 试编制如图 5.34 所示零件的铣削加工程序。

6. 如图 5.35 所示，在 90 mm × 90 mm × 10 mm 的有机玻璃板上加工一个凹型槽，槽深 2.5 mm，未注圆角 R4，试编制加工程序。

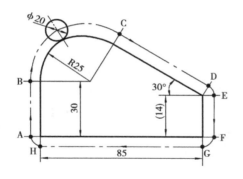

图 5.34　铣削外形零件

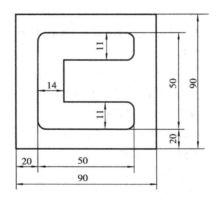

图 5.35　铣凹型槽零件

7.试编制如图 5.36 所示零件铣削内表面的加工程序。

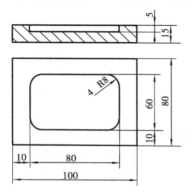

图 5.36　铣削内表面零件

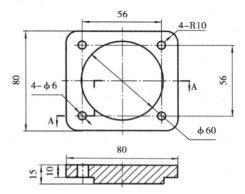

图 5.37　铣削台阶表面零件

8.试编制如图 5.37 所示零件铣削台阶表面的加工程序。

9.用华中数控系统编制如图 5.38 所示零件全部形状的加工程序。

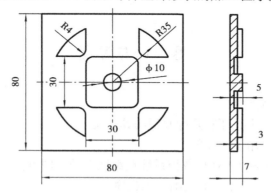

图 5.38　复杂零件编程

第**6**章
数控加工中心机床的程序编制

6.1 加工中心概述

加工中心（Machining Center）简称 MC，最初是从数控铣床发展而来的。加工中心与数控铣床的最大区别在于加工中心具有刀库和自动换刀装置，通过在刀库安装不同用途的刀具，工件可在一次装夹中，通过自动换刀装置改变主轴上的加工刀具，实现铣、钻、扩、镗、铰、攻螺纹等多种加工。

加工中心作为一种高效多功能自动化机床，在现代化生产中扮演着重要角色。在加工中心上，零件的制造工艺与传统工艺以及普通数控机床加工工艺有很大不同，加工中心自动化程度的不断提高和工具系统的发展使其工艺范围不断扩展，现代加工中心更大程度地使工件一次装夹后，实现多表面、多特征、多工位的连续、高效、高精度的加工。

6.1.1 加工中心的组成及分类

（1）加工中心的组成

从主体上看，加工中心主要由以下几大部分组成：

1）基础部件

基础部件是加工中心的基础结构，它主要由床身、工作台、立柱三大部分组成，如图 6.1 所示。这三部分不仅要承受加工中心的静载荷，还要承受切削加工时产生的动载荷。所以要求加工中心的基础部件，必须有足够的刚度，通常这三大部件都是铸造而成。

2）主轴部件

主轴部件由主轴箱、主轴电动机、主轴和主轴轴承等零部件组成。主轴是加工中心切削加工的功率输出部件，它的启动、停止、变速、变向等动作均由数控系统控制。主轴的旋转精度和定位准确性，是影响加工中心加工精度的重要因素。

3）数控系统

加工中心的数控系统由 CNC 装置、可编程序控制器、伺服驱动系统以及面板操作系统组成,它是执行顺序动作和加工过程的控制中心。CNC 装置的控制过程是根据输入的信息进行数据处理、插补运算,获得理想的运动轨迹信息,然后输出到执行部件,加工出所需要的工件。

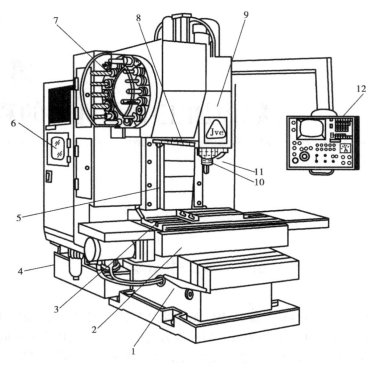

图 6.1　加工中心的结构

1—床身　2—滑枕　3—工作台　4—底座　5—立柱　6—数控柜　7—刀库
8—换刀机械手　9—主轴箱　10—刀具　11—驱动电源箱　12—控制面板

4)自动换刀系统

换刀系统主要由刀库、机械手等部件组成。当需要更换刀具时,数控系统发出指令后,由机械手从刀库中取出相应的刀具装入主轴孔内,同时把主轴上的刀具送回刀库完成整个换刀动作。

5)辅助装置

包括润滑、冷却、排屑、防护、液压、气动和检测系统等部分。这些装置虽然不直接参与切削运动,但它是加工中心不可缺少的部分,对加工中心的加工效率、加工精度和可靠性起着保障作用。

(2)加工中心的分类

1)按换刀形式分类

①带刀库、机械手的加工中心　加工中心自动换刀系统由刀库、机械手组成,换刀动作由机械手完成。

②无机械手的加工中心　这种加工中心的换刀通过刀库和主轴箱配合动作来完成换刀过程。

③转塔刀库式加工中心　一般应用于小型加工中心,主要以加工孔为主。

2)按机床形态分类

①卧式加工中心　机床主轴为水平设置。卧式加工中心一般具有 3～5 个运动坐标,它能够使工件一次装夹完成除安装面以外的其余五个面的加工。卧式加工中心适宜复杂的箱体类零件、泵体、阀体等零件的加工。

②立式加工中心　机床主轴为垂直状态设置。立式加工中心一般具有三个直线运动坐标,有的立式加工中心工作台具有分度和旋转功能,也可在工作台上安装一个数控转台用以加工螺旋线零件。立式加工中心多用于简单箱体、箱盖、板类零件和平面凸轮的加工。

③龙门式加工中心　与龙门铣床类似,适应于大型或形状复杂的工件加工。

④万能加工中心　在万能加工中心上,工件装夹后,能完成除安装面外的所有面的加工,具有立式和卧式加工中心的功能。常见的万能加工中心有两种形式:一种是主轴可以旋转 90°,既可像立式加工中心一样,也可像卧式加工中心一样;另一种是主轴不改变方向,而工作台带着工件旋转 90°完成对工件五个面的加工。在万能加工中心上加工工件避免了由于二次装夹带来的安装误差,所以效率和精度高,但结构复杂、造价也高。

6.1.2　加工中心的刀库及换刀

(1)加工中心的刀库

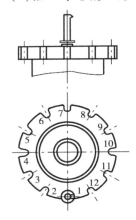

图 6.2　盘式刀库

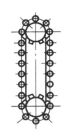
(a)单排链式刀库

(b)多排链式刀库

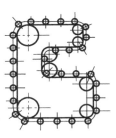
(c)加长链式刀库

图 6.3　各种链式刀库

加工中心的刀库形式很多,结构也各不相同。加工中心最常用的刀库有盘式刀库、链式刀库、转塔式刀库等。盘式刀库的结构紧凑、简单,在中小型加工中心、钻削中心上应用较多,但存放刀具数目较少,如图 6.2 所示。链式刀库是在环形链条上装有许多刀座,刀座孔中装夹各种刀具,链条由链轮驱动。链式刀库适用于刀库容量较大的场合,且多为轴向取刀。当链条较长时,可以增加支承轮的数目,使链条折叠回绕,提高了空间利用率,各种链式刀库如图 6.3 所示。转塔式刀库主要用于小型立式加工中心,如图 6.4 所示。

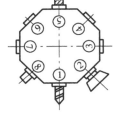

图 6.4　转塔式刀库

(2)加工中心的换刀

带机械手的盘式刀库自动换刀动作如图 6.5 所示,上一工序加工完毕,主轴返回到换刀点,由自动换刀装置换刀,其过程如下:

1)刀套下转 90°

机床的刀库位于立柱左侧,刀具在刀库中的安装方向与主轴垂直。换刀之前,刀库 2 转动将待换刀具 5 送到换刀位置,之后把带有刀具 5 的刀套 4 向下翻转 90°,使得刀具轴线与主轴轴线平行。

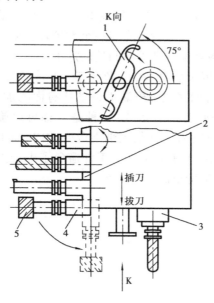

图 6.5　自动换刀过程示意图
1—机械手　2—刀库　3—机床主轴
4—刀套　5—刀具

2）机械手转 75°

如图 6.5 所示,在机床切削加工时,机械手 1 的手臂中心线与主轴中心到换刀位置的刀具中心的连线成 75°,该位置为机械手的原始位置。机械手换刀的第一个动作是顺时针转 75°,两手爪分别抓住刀库上和主轴 3 上的刀柄。

3）刀具松开

机械手抓住主轴刀具的刀柄后,刀具的自动夹紧机构松开刀具。

4）机械手拔刀

机械手下降,同时拔出两把刀具。

5）交换两刀具位置

机械手带着两把刀具逆时针转 180°（从 K 向观察）,使主轴刀具与刀库刀具交换位置。

6）机械手插刀

机械手上升,分别把刀具插入主轴锥孔和刀套中。

7）刀具夹紧

刀具插入主轴锥孔后,刀具的自动夹紧机构夹紧刀具。

8）液压缸复位

驱动机械手逆时针转 180°的液压缸复位,机械手无动作。

9）机械手逆转 75°

机械手逆转 75°,回到原始位置。

10）刀套上转 90°

刀套带着刀具向上翻转 90°,为下一次选刀做准备。

6.1.3　加工中心的加工工艺

（1）加工中心的工艺特点

加工中心作为一种高效多功能自动化机床,在现代化生产中扮演着重要角色,但一台加工中心只有在合适的条件下才能发挥出最佳效益。加工中心可以归纳出如下一些工艺特点:

1）工艺范围宽

与数控铣床一样,加工中心也能实现多坐标轴联动,实现许多普通机床难以完成或无法加工的空间曲线、曲面的加工,大大增加了机床的工艺范围。加工中心具备了多台普通机床的功能,可自动换刀,实现铣、钻、扩、铰、镗、攻螺纹等多种加工。

2）加工精度高,精度稳定

在加工中心上加工,其工序高度集中,一次装夹即可加工出零件上大部分甚至全部表面,避免了工件多次装夹所产生的装夹误差,因此,加工表面之间能获得较高的相互位置精度。加工中心多采用半闭环、闭环控制,有较高的定位精度和重复定位精度,在加工过程中产生的尺寸误差能及时得到补偿,与普通机床相比,能获得较高的尺寸精度。同时,整个加工过程由程序自动控制,不受操作者人为因素的影响,加工出的零件尺寸一致性好。

3)生产效率高

一次装夹能完成较多表面的加工,减少了多次装夹工件所需的辅助时间。同时,减少了工件在机床与机床之间、车间与车间之间的周转次数和运输工作量。

4)表面质量好

加工中心主轴转速和各轴进给量均是无级调速,有的甚至具有自适应控制功能,能随刀具和工件材质及刀具参数的变化,把切削参数调整到最佳数值,从而提高了各加工表面的质量。

5)具有高度柔性

零件每个工序的加工内容、切削用量、工艺参数都可以编入程序,可以随时修改,这给新产品试制,实行新的工艺流程和试验提供了方便。

6)便于实现计算机辅助制造

计算机辅助设计与制造(CAD/CAM)已成为航空航天、汽车、船舶及各种机械工业实现现代化的必由之路。而将用计算机辅助设计出来的产品图纸及数据变为实际产品的最有效途径,就是采取计算机辅助制造技术直接制造出零部件。加工中心等数控设备及其加工技术正是计算机辅助制造系统的基础。

然而,在加工中心上加工零件也存在一些不足之处。例如,刀具应具有更高的强度、硬度、耐磨性、刚性,良好的断屑措施;使用、维修管理要求较高,要求操作者应具有较高的技术水平;加工中心的价格一般都在几十万到几百万元,一次性投入较大,零件的加工成本高等。

(2)加工中心适用范围

1)适合于加工周期性投产的零件

有些产品的市场需求具有周期性和季节性,如果采用专门生产线则得不偿失,用普通设备加工效率又太低,质量不稳定,数量也难以保证。而采用加工中心首件试切完后,程序和相关生产信息可保留下来,下次产品再生产时只要很少的准备时间就可开始生产。

2)适合加工高精度要求较高的中小批量的工件

针对加工中心加工精度高、尺寸稳定的特点,对加工精度要求较高的中小批量零件,选择加工中心加工,容易获得所要求的尺寸精度和形状位置精度,并可得到很好的互换性。

3)适合于加工形状复杂的零件

四轴联动、五轴联动加工中心的应用以及 CAD/CAM 技术的成熟发展,使加工零件的复杂程度大幅提高。DNC 的使用使加工内容足以满足各种加工要求,使复杂零件的自动加工变得非常容易。

4)新产品试制中的零件

在新产品定型之前,需经反复试验和改进。选择加工中心试制,可省去许多用通用机床加工所需的试制工装。当零件被修改时,只需修改相应的程序及适当地调整夹具、刀具即可,节省了费用,缩短了试制周期。

(3)加工中心的加工工艺

工件加工质量的好坏与加工工艺、夹具、机床的精度和刚度以及程序编制中的误差等多种因素有关。在零件加工过程中,要具体分析各个因素的影响,合理调整各参数,才能够使加工后的零件达到理想的精度。

1)加工路线的确定

在加工中心上加工零件时,确定加工路线的原则主要有以下几点:

①应使被加工零件获得良好的加工精度和表面质量(如粗糙度);

②为了提高零件的加工精度,可采用多次走刀方法,这能控制变形误差;

③使数值计算容易,以减少编程工作量;

④尽量使走刀路线最短,这样既能使程序段数减少,又减少了空刀时间;

⑤合理选择起刀点、切入点、切出点、切入方式,保证切入切出过程平稳;

⑥保证加工过程的安全性,避免刀具与非加工表面、夹具等发生干涉。

在加工中心上加工零件时,刀具应沿零件轮廓的切线方向切入和切出点,以保证零件轮廓光滑。如果铣刀沿法向直接切入零件,就会在零件外形上留下明显的刀痕。铣削外轮廓时,刀具应在毛坯轮廓以外下刀;铣削型腔时,刀具最好在型腔中心下刀,避免沿零件轮廓下刀。铣削加工中顺铣和逆铣得到的表面粗糙度是不同的。在精铣时,应尽量采用顺铣,以利于提高零件的表面质量。

在轮廓加工时应避免进给停顿。因为在加工过程中,工件、刀具、夹具、机床工艺系统是平衡在弹性变形的状态下,进给停顿之后,切削力明显减小,系统平衡状态改变,刀具就很有可能在工件表面留下凹痕。

2)选择切削刀具

刀具选择是数控加工工艺中的重要内容之一,对成本昂贵的加工中心更要强调选用高效刀具,充分发挥机床的效率,降低加工成本,提高加工效率。

与普通机床加工方法相比,数控加工中心对刀具提出了更高的要求,不仅要求刚性好,精度高,而且要尺寸稳定,耐用度高,同时要安装调整方便,这就需要选用新型高速钢和超细粒度硬质合金等优质材料制造数控加工刀具。在加工中对刀具的使用应注意以下几个方面:

①准确调整刀刃相对于主轴的一个固定点的轴向位置;

②准确调整刀刃相对于主轴轴线的径向位置,即刀具必须能够以快速简单的方法准确地预调到一个固定的几何尺寸;

③通过尽可能短的结构长度,或尽可能短的夹持来提高刀具刚性;

④采取措施保持刀杆和装刀孔的清洁;

⑤在同一把刀具多次装入装刀孔时,刀刃位置重复不变;

⑥尽可能通过键连接且不影响对中的传动方式,进行完善的扭矩传递;

⑦装刀孔必须能够允许通过适当的拉紧和推出机构,完成快速更换刀具。

总之,配备完善的、先进的刀具系统,是用好加工中心的重要一环。

3)切削用量的确定

切削用量,包括切削深度(或宽度)、主轴转速、进给速度等。具体来说,在进行深度切削时,在机床、夹具、工件和刀具刚度允许的条件下,最好采用大的深度切削。

切削速度 v_c(m/min)、主轴转速 n(r/min)换算式

$$v_c = \frac{\pi dn}{1\ 000} \quad (\text{m/min}) \qquad\qquad d \text{——刀具直径(mm)}$$

切削速度主要根据刀具的耐用度、机床等进行选择。

进给速度 F（进给量），通常是根据零件的加工精度和表面粗糙度的要求，以及刀具、工件材料、机床等进行选择。当加工精度要求高时，进给量应选小一些，最大进给量受机床伺服系统的限制，并与脉冲当量有关。

各个参数的具体数值应根据《机床使用手册》、《切削手册》并结合实践经验确定。

6.2　加工中心编程

除自动换刀功能外，加工中心的程序编制与数控铣床的程序编制基本相同。

6.2.1　加工中心换刀

不同的加工中心换刀的方式是不同的，因而其换刀程序也是不同的，编程时，应查阅该机床的编程说明书。绝大多数加工中心都规定了换刀点的位置，以便机械手能够顺利完成换刀动作。一般立式加工中心规定换刀点设置在机床的最高点，即机床 Z 轴零点（或加工中心的第二参考点）。

换刀时，因加工中心的结构不同，常用的返回换刀点位置的方法有两种：

方法一：使用程序段返回换刀参考点

编程方法：N10　G91　G30　Z0　（或 G28　Z0）　　　返回换刀点

　　　　　　N20　T01　M06　　　　　　　　　　　选择 01 号刀，主轴换上 01 号刀具

　　　　　　……

方法二：使用 M06 自动返回换刀参考点

编程方法：N10　T02　M06　　　选择 02 号刀，主轴箱返回到换刀点，换上 02 号刀具

……

一般加工中心的选刀和换刀动作是分开进行的。换刀结束启动主轴后再进行加工程序段的内容。而选刀过程可与机床加工同步起来，边加工边选刀。为了提高加工效率，编程时可采用选刀和换刀分开进行。

例：　　……

　　　　N50　G01　X10　Y20　F100　T03　　　切削过程中选择 03 号刀具

　　　　……

　　　　N100　G91　G30　Z0　M06　　　返回换刀点，主轴换上 03 号刀具

6.2.2　加工中心典型零件加工编程

（1）凸轮槽加工

1）零件分析

如图 6.6 所示某平面凸轮槽，槽宽为 12 mm，槽深为 15 mm。如果使用普通机床加工，不仅效率低，而且很难保证其加工精度。使用数控加工中心进行加工可以快速地完成此凸轮的加工。

2）工艺步骤

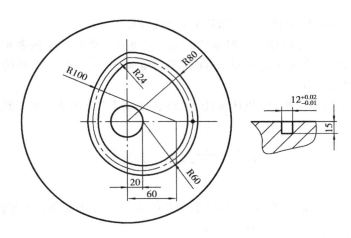

图6.6 凸轮槽零件

该凸轮加工使用 φ12 mm 的立铣刀进行加工,在铣削加工前先用 φ10.5 mm 的钻头钻铣刀引入孔,引入孔位置在(X80,Y0),再用 φ11.5 mm 平顶钻锪孔,孔底留余量为 0.5 mm。立铣刀为 1 号铣刀,设置主轴转速为 600 r/min,进给速度为 120 mm/min,长度补偿代号 H01;钻头为 2 号刀,设置主轴转速为 500 r/min,进给速度为 80 mm/min,长度补偿代号 H02;平顶钻为 3 号刀,设置主轴转速为 300 r/min,进给速度为 50 mm/min,长度补偿代号 H03。

3)工件坐标系设置

  X:凸轮的圆心;

  Y:凸轮的圆心;

  Z:凸轮的上平面。

  工件坐标系用 G54 设定。

4)程序编制

O0096

G28 Z0

T02 M06;

G54 G90 G00 Z100.0 T03;

S500 M03;

G43 H02 Z20.0 M08;

G98 G81 X80.0 Y0 Z－15.0 R5.0 F80;(钻铣刀引入孔)

G80

G00 G49 Z0 M05;

G28 Z0 M06;

T01;

S300 M03;

G00 G43 H03 Z20.0 M08;

G98 G82 X80.0 Y0 Z－14.7 R5.0 F50 P2000;(锪平引入孔底面)

G80

G00 G49 Z0 M05;

G28 Z0 M06；

T02；

S600 M03；

G00 G43 H01 Z20.0 M08；

G00 X80.0 Y0；

Z2.0；

G01 Z－15.0 F60；（铣凸轮槽）

G02 X－40.0 R60.0 F120；

X－8.42 Y64.928 R100.0；

X11.428 Y79.18 R24.0；

X80.0 Y0 R80.0；

G00 Z100.0 M09；

G00 G49 Z0 M05；

M30；

（2）**箱体螺纹孔的数控加工**

1）零件分析

如图 6.7 所示某箱体零件，小批量生产。在箱体的平面上有 6 个螺纹孔，有一定的位置精度要求，平面已经加工平整。

2）工艺步骤

对于螺纹孔的加工采用钻导引孔→钻孔→倒角→攻螺纹的工序进行加工。先用中心钻在孔的中心位置钻出中心孔，中心钻刀具号为 T12，长度补偿代号 H12；再用 φ8.5 mm 钻头钻盲孔，钻头刀具号为 T13，长度补偿代号 H13；再进行倒角，倒角刀刀具号为 T14，长度补偿代号 H14；最后用丝锥对孔位进行攻螺纹，丝锥刀具号为 T15，长度补偿代号 H15。加工前设定好各把刀具的长度补偿值。

3）工件坐标系设置

工件坐标系原点设在：

X:箱体的中心；

Y:箱体的中心；

Z:箱体上平面。

工件坐标系用 G54 设定。

4）程序编制

主程序：

O0097

G28 Z0

T12 M06；

G54 G90 G00 Z100；

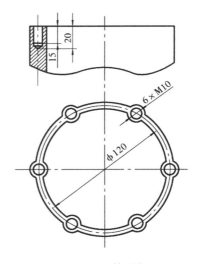

图 6.7　箱体零件

S1800 M03 M08；

G43 Z20.0 H12；

G98 G81 X60.0 Y0 R1.0 Z－5.0 F60；（钻中心孔）

M98 P1197；

G80

G28 Z0；

T13 M06；

S800 M03 M08；

G00 G43 Z20.0 H13；

G98 G83 X60.0 Y0 R1.0 Z－20.0 Q5.0 F50；（钻螺纹底孔）

M98 P1197；

G80

G28 Z0；

T14 M06；

S500 M03 M08；

G00 G43 Z20.0 H14；

G98 G82 X60.0 Y0 R1.0 Z－6.0 P1000 F60；（倒角）

M98 P1197；

G80

G28 Z0；

T15 M06；

S200 M03 M08；

G00 G43 Z20.0 H15；

G98 G84 X60.0 Y0 R1.0 Z－15.0 F300；（攻螺丝）

M98 P1197；

G80

M05；

M30；

孔位的子程序：

O1197

X30.0 Y51.962；

X－30.0 Y51.962；

X－60.0 Y0；

X－30.0 Y－51.962；

X30.0 Y－51.962；

M99；

（3）**复杂零件加工**

加工如图 6.8 所示零件，所用刀具见表 6.1。

1）零件分析

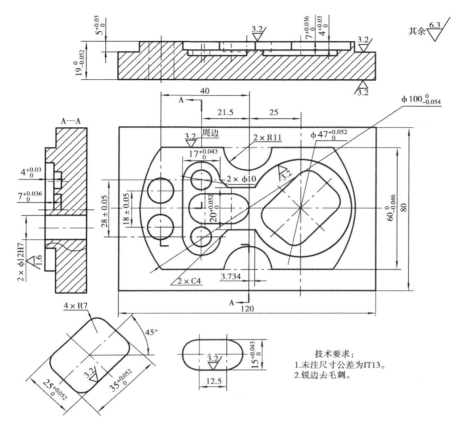

图 6.8 加工中心编程实例

零件毛坯是经过切削加工的长方形坯料,尺寸为 120 mm × 80 mm × 20 mm。根据毛坯、零件尺寸要求,120 mm × 80 mm 的周边不需要加工,其他表面均需加工。零件上的加工面除圆弧 R7、R11、R7.5、2 × φ10 孔未标注公差外,其余尺寸均有公差。要保证图纸尺寸精度要求,根据切削加工顺序安排的原则,应先粗、精加工上、下表面,并作为精基准。然后,粗、精加工外形轮廓、内腔。在外形轮廓、内腔精加工前,需分别用内、外径千分尺测量外轮廓、内腔的实际尺寸,根据实际尺寸计算刀具补偿值。最后进行孔加工,为保证孔的位置精度,应使用中心钻钻孔定位,然后,采用钻、铰加工。

2)刀具选择

表 6.1 加工用刀具

刀具号	刀具名称	刀具长度补偿号	刀具半径补偿号
T01	φ80 mm 面铣刀	H01	
T02	φ16 mm 立铣刀	H02	D02
T03	φ12 mm 键槽铣刀	H03	D03
T04	φ10 mm 键槽铣刀	H04	D04
T05	φ4 mm 中心钻	H05	
T06	φ11.8 mm 麻花钻	H06	
T07	φ12 mm(H7)机用铰刀	H07	

153

3）工艺步骤

① 把 120 mm×80 mm×20 mm 的长方形坯料用等高垫块垫在下面，放在已校正平行的平口钳中，使上表面高出钳口 8 mm，用木槌或橡胶锤边敲击工件边夹紧平口钳。

② 用刀具 T01 铣削 120 mm×80 mm 的一个平面。结束后把工件翻身，擦净等高垫块及已加工的平面，重新装夹。继续用刀具 T01 铣削另一平面，注意此时的长度补偿量应根据工件的厚度要求重新设置，留精加工余量 0.2（具体值应根据工件原始厚度及切削第一个平面时的背吃刀量综合确定），然后进行加工。等加工完毕后，重新测量工件的厚度，根据此厚度与工件厚度要求，重新计算余量，重新设置刀具长度补偿量，设置完后再加工一次平面。

③ 用刀具 T02 沿工件外轮廓路径粗加工（包括切除轮廓加工后的残料），粗、精加工外形。

④ 用刀具 T03 粗、精加工 45° 旋转的型腔及深 4 mm 的大型腔。

⑤ 用刀具 T04 粗、精加工 15 宽键槽；加工 2×φ10 孔。

⑥ 用刀具 T05 点钻 2×φ12（H7）的中心孔。

⑦ 用刀具 T06 钻 2×φ11.8 的孔。

⑧ 用刀具 T07 铰 2×φ12（H7）孔。

4）工件坐标系原点设置

X、Y：工件中心；

Z：工件上表面。

5）加工程序

加工平面的程序：

O 3210 ；	程序名（注意翻身加工前必须重新设置长度补偿量）
N10 T01 M06；	换上 01 号刀，φ80 mm 面铣刀
N20 G54 G90 G00 G43 Z100.0 H01；	刀具快速移动 Z100 处（在 Z 方向调入了刀具长度补偿）
N30 S600 M03；	主轴正转，转速 600 r/min
N40 X105.0 Y20.0；	快速定位
N50 Z20.0 M08；	Z 轴下降，切削液开
N60 G01 Z0 F200；	刀具进给到加工平面
N70 X－62.0 F150；	加工平面
N80 Y－20.0；	
N90 X62.0；	
N100 G00 Z100.0 M09；	快速返回到 Z100，切削液关
N110 G49 Z0；	取消刀具长度补偿
N120 M30；	程序结束

其他加工的主程序

O3211 ；	主程序名
N10 T02 M06；	换上 02 号刀，φ16 mm 立铣刀
N20 G54 G90 G00 G43 H02 Z20.0；	刀具快速移动 Z20 处（在 Z 方向调入了刀具长度补偿）
N30 S800 M03；	主轴正转，转速 800 r/min
N40 X－60.0 Y50.0；	快速定位

N50 Z2.0 M08;	主轴下降,切削液开
N60 G01 Z − 5.0 F50;	主轴进给下降到 Z − 5
N70 Y40.0 F200;	进给切削到 Y40
N80 X60.0;	沿坯料四周路径粗加工
N90 Y − 40.0;	
N100 X − 60.0;	
N110 Y50.0;	
N115 X − 70.0 Y0;	移动到外轮廓起切位置
N120 G10 L12 P02 R8.2;	给定 D02,指定刀具半径补偿量 8.2(精加工余量 0.2)
N130 M98 P3121;	调用 O3121 子程序一次半精加工
N140 G10 L12 P02 R7.98;	重新给定 D02,指定刀具半径补偿量 7.98(考虑公差)
N150 M98 P3121;	调用 O3121 子程序一次精加工
N160 G00 Z100.0 M09;	快速抬刀,切削液关
N170 G49 G90 Z0;	取消刀具长度补偿,Z 轴快速移动到机床坐标 Z0 处
N180 M05;	主轴停转
N190 T03 M06;	换上 03 号刀,φ12 mm 键槽铣刀
N200 G00 G43 H03 Z100.0;	刀具快速移动 Z100 处(在另方向调入了刀具长度补偿)
N210 S800 M03;	主轴正转,转速 800 r/min
N220 X25.0 Y0;	快速定位
N230 Z2.0 M08;	主轴下降,切削液开
N240 G10 L12 P03 R6.2;	给定 D03,指定刀具半径补偿量 6.2(精加工余量 0.2)
N250 G01 Z0 F60;	进给到 Z0
N260 M98 P3221;	调用 O3221 子程序一次,粗加工旋转凹槽
N270 G01 Z − 4.0 F60;	进给到 Z − 4
N280 M98 P3321;	调用 O3321 子程序一次,粗加工大的凹槽
N290 G00 Z0;	返回到 Z0
N300 G10 L12 P03 R5.97;	重新给定 D03,指定刀具半径补偿量 5.97(考虑公差)
N310 G01 Z − 4.0;	进给到 Z − 4
N320 M98 P3321;	调用 O3321 子程序一次,精加工大凹槽
N330 G01 Z − 3.5;	进给到 Z − 3.5
N340 M98 P3221;	调用 O3221 子程序一次,精加工旋转凹槽
N350 G00 Z100.0 M9;	快速抬刀,切削液关
N360 G49 G90 Z0;	取消刀具长度补偿
N370 M05;	主轴停转
N380 T04 M06;	换上 04 号刀,φ10 mm 键槽铣刀
N390 G00 G43 H04 Z100.0;	刀具快速移动 Z100 处(在 Z 方向调入了刀具长度补偿)
N400 S1000 M03;	主轴正转,转速 1 000 r/min
N410 X − 7.5 Y0;	快速定位
N420 Z2.0 M8;	主轴下降,切削液开

N430 G10 L12 P04 R5.1；　　　　　给定 D04,指定刀具半径补偿 5.1(精加工余量 0.1)

N440 G01 Z－7.0 F20；　　　　　　进给到 Z－7

N450 M98 P3421；　　　　　　　　调用 O3421 子程序一次,粗加工 15 宽键槽

N460 G10 L12 P04 R4.98；　　　　　重新给定 D04,指定刀具半径补偿量 4.98(考虑公差)

N470 M98 P3421；　　　　　　　　调用 O3421 子程序一次,精加工 15 宽键槽

N480 G00 Z20.0；　　　　　　　　快速上升到 Z20

N490 G99 G89 X－21.5 Y14.0 Z－7.0 R2.0 P1000 F20；

　　　　　　　　　　　　　　　　用键槽铣刀加工 2×φ10 孔(在孔底暂停 1 s)

N500 G98 Y－14.0；

N510 G00 Z100.0 M9；　　　　　　快速抬刀,切削液关

N520 G49 G90 Z0；　　　　　　　取消刀具长度补偿

N530 M05；　　　　　　　　　　　主轴停转

N540 T05 M06；　　　　　　　　　换上 05 号刀,φ4 mm 中心钻

N550 G00 G43 H05 Z100.0；　　　　刀具快速移动 Z100 处(在 Z 方向调入了刀具长度补偿)

N560 S1500 M03；　　　　　　　　主轴正转,转速 1 500 r/min

N570 G99 G81 X－40.0 Y9.0 Z－4.0 R3.0 F50 M08；

　　　　　　　　　　　　　　　　点钻 2×φ12H7 孔中心,切削液开

N580 Y－9.0；

N585 G80

N590 G49 G90 Z0 M09；　　　　　取消刀具长度补偿,切削液关

N600 M05 ；　　　　　　　　　　　主轴停转

N610 T06 M06；　　　　　　　　　换上 06 号刀,φ11.8 mm 麻花钻

N620 G00 G43 H06 Z100.0；　　　　刀具快速移动 Z100 处(在 Z 方向调入了刀具长度补偿)

N630 S800 M03；　　　　　　　　　主轴正转,转速 800 r/min

N640 G99 G83 X－40.0 Y－9.0 Z－25.0 R3.0 Q5 F100 M08；

　　　　　　　　　　　　　　　　深孔往复钻孔

N650 G98 Y9.0；

N655 G80

N660 G49 G90 Z0 M9；　　　　　取消刀具长度补偿,切削液关

N670 M05；　　　　　　　　　　　主轴停转

N680 T07 M06；　　　　　　　　　换上 07 号刀,φ12 mmH7 机用铰刀

N690 G00 G43 H7 Z100.0；　　　　刀具快速移动 Z100 处(在 Z 方向调入了刀具长度补偿)

N700 M03 S300；　　　　　　　　　主轴正转,转速 300 r/min

N710 G99 G89 X－40.0 Y9.0 Z－22.0 R2.0 P1000 F100 M08；

　　　　　　　　　　　　　　　　铰 2×φ12 mm 孔

N720 G98 Y－9.0；

N725 G80

N730 G49 G90 Z0 M9；　　　　　取消刀具长度补偿,切削液关

N740 M30；　　　　　　　　　　　主程序结束

加工外轮廓的子程序：

O 3121；　　　　　　　　　　　　子程序名

N10 G41 G01 X – 60.0 Y – 10.0 D02 F200；刀具半径左补偿

N20 G03 X – 50.0 Y0 R10.0；　　　　走过渡段

N25 G02 X – 40.0 Y30.0 R50.0；

N30 G01 X – 11.0；

N40 G03 X11.0 R11.0 F90；

N50 G01 X40.0 F200；

N60 G02 Y – 30.0 R50.0；

N70 G01 X11.0；　　　　　　　　切削外形

N80 G03 X – 11.0 R11.0 F90；

N90 G01 X – 40.0 F200；

N100 G02 X – 50.0 Y0 R50.0；

N110 G03 X – 60.0 Y10.0 R10.0；　走过渡段

N120 G40 G01 X – 70.0 Y0；　　　取消刀具半径补偿

N130 M99；　　　　　　　　　　子程序结束并返回主程序

加工旋转槽的子程序：

O3221；　　　　　　　　　　　　子程序名

N10 G90 G68 X25.0 Y0 R45.0；　绕 X25 Y0 逆时针旋转 45°

N20 G91 Z – 3.5 F30；　　　　　增量向下进给 3.5 mm

N30 G41 X – 4.0 Y6.0 D03 F60；　刀具半径左补偿

N40 G03 X – 6.5 Y6.5 R6.5；　　走 1/4 圆弧过渡段

N50 X – 7.0 Y – 7.0 R7.0；

N60 G01 Y – 11.0；

N70 G03 X7.0 Y – 7.0 R7.0；

N80 G01 X21.0；

N90 G03 X7.0 Y7.0 R7.0；　　　加工旋转槽

N100 G01 Y11.0；

N110 G03 X – 7.0 Y7.0 R7.0；

N120 G01 X – 21.0；

N130 G03 X – 6.5 Y – 6.5 R6.5；　走 1/4 圆弧过渡段

N140 G40 G01 X17.0 Y – 6.0；　切削刀具半径补偿

N150 G90 G69；　　　　　　　　取消旋转

N160 M99；　　　　　　　　　　子程序结束并返回主程序

加工 4 mm 深大型腔的子程序：

O3321；   子程序名
N10 G41 G01 X28.5 Y0 D03 F60；   刀具半径左补偿
N20 G03 X48.5 R－10.0；   走半圆过渡段
N30 X3.734 Y10.0 R23.5；
N40 G01 X－9.0；
N50 X－13.0 Y14.0；
N60 G03 X－30.0 R－8.5 F50；
N70 G01 Y－14.0 F60；   加工大型腔
N80 G03 X－13.0 R－8.5 F50；
N90 G01 X－9.0 Y－10.0 F60；
N100 X3.734；
N110 G03 X48.5 Y0 R23.5；
N120 X28.5 R－10.0；   走半圆过渡段
N130 G40 G01 X25.0 Y0；   取消刀具半径补偿
N140 M99；   子程序结束并返回主程序

加工 15 宽键槽的子程序（注意切入点的选择，选择不当会在引入半径补偿时产生过切）

O3421；   子程序名
N10 G91 G41 G01 X－14.0 Y6.0 D04 F50；半径左补偿，增量移动
N20 G03 X－6.0 Y－6.0 R6.0；   走 1/4 圆弧过渡段
N30 X7.5 Y－7.5 R7.5；   加工键槽
N40 G01 X12.5；
N50 G03 Y15.0 R7.5；
N60 G01 X－12.5；
N70 G03 X－7.5 Y－7.5 R7.5；
N80 X6.0 Y－6.0 R6.0；   走 1/4 圆弧过渡段
N90 G90 G01 G40 X－7.5 Y0；   取消刀具半径补偿
N100 M99；   子程序结束并返回主程序

思考题与习题

1. 简述加工中心的分类。
2. 简述加工中心与数控铣床在机床结构、加工工艺上主要有哪些不同。
3. 加工中心的工艺特点、适用范围有哪些？
4. 下图所示零件将在加工中心上进行加工，试编制其加工程序，图中未标注粗糙度的表面为 Ra3.2，刀具自行选择。

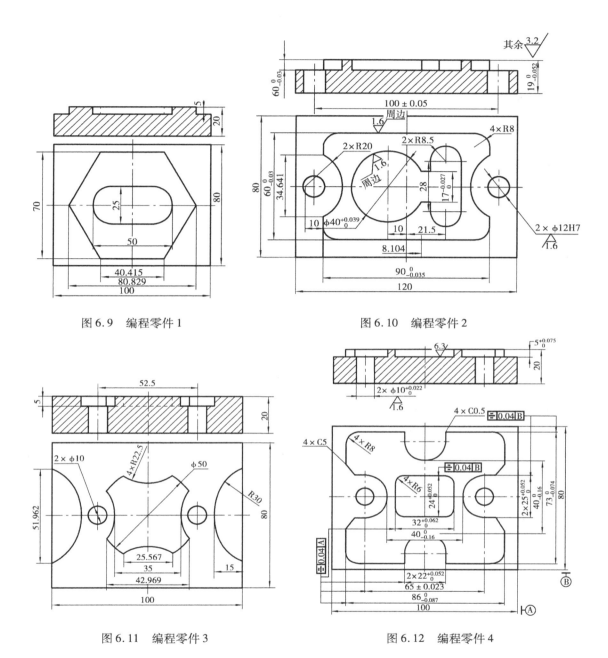

图 6.9　编程零件 1

图 6.10　编程零件 2

图 6.11　编程零件 3

图 6.12　编程零件 4

第 7 章
数控电火花线切割机床的程序编制

7.1 数控线切割加工工艺

7.1.1 数控线切割机床的基本原理和加工特点

（1）线切割机床加工的基本原理

电火花加工是在一定介质中，通过工具电极和工件电极之间放电时产生的电腐蚀作用，对金属工件进行加工的一种工艺方法。它可以加工利用传统的切削方法难于加工的各种高熔点、高硬度、高强度、高韧性的金属材料，属于直接利用电能、热能进行金属加工的特种加工范畴。电火花加工根据所使用的工具电极形式的不同和工具电极相对于工件运动方式的不同，可以分为电火花成形加工、电火花线切割加工、电火花磨削、电火花表面强化和刻字等。其中以电火花成形加工（简称电火花加工）和电火花线切割加工（简称线切割加工）应用最为广泛。

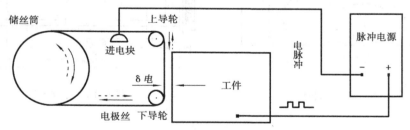

图 7.1　线切割加工原理

数控电火花线切割加工原理如图 7.1 所示。数控电火花线切割加工是利用作为负极的电极丝（铜丝或钼丝）和作为正极的金属材料（工件）之间脉冲放电的电腐蚀作用，对工件进行加工的一种工艺方法。在加工中电极丝相对于工件的运行轨迹由数控系统进行程序控制，实现数控加工。电极丝沿预定的轨迹运动中始终保持在电极丝和工件之间有一定的放电间隙。由脉冲电源输出的电压就加在电极丝和工件之间，从而为加工提供了加工能源。电极丝是由耐

160

高温金属材料制成,由工作液及时冷却,在一批零件的加工中,电极丝受电腐蚀程度相对于金属工件而言非常微小,对工件尺寸的影响可忽略不计,但最终会因为过度腐蚀造成断丝。电腐蚀过程中一次脉冲放电循环分为以下几个阶段:

1)电离

由于工件和电极丝表面存在着微观的凸凹不平,在两者相距最近点上电场强度最大,会使间隙中的液体介质电离成电子和正离子,形成放电通道。

2)放电

在电场力的作用下,电子高速流向阳极,正离子流向阴极,产生火花放电。

3)爆炸

由于放电通道中电子和离子高速运动时相互碰撞,产生大量热能。阳极和阴极表面受高速电子和离子流的撞击,其动能也转化成热能,因此在两极之间沿通道形成了一个温度高达10 000 ℃ ~ 12 000 ℃的瞬时高温热源。在热源作用区的工件表面金属会很快熔化,甚至气化。通道周围的液体介质一部分则被气化,并产生很高的瞬时压力,在高压的作用下熔融的金属液体和蒸汽就被排挤、抛出而进入工作液中。上述过程是在极短时间内完成的,因此具有突然膨胀爆炸的特性,可以听到轻微的噼啪声。

4)排屑

热膨胀产生的爆炸力使一部分熔化和气化了的金属从间隙中喷出产生火花,并将另一部分在抛入间隙的液体介质中冷却,凝固成细小的微粒随介质流动排出。

5)恢复

在一次脉冲放电后,两极间的电压急剧下降为零,使间隙中的介质及时消除电离,恢复绝缘性能。到此,完成一次脉冲放电过程。此后,两极间的电压再次升高,重复上述脉冲放电过程。多次脉冲放电的结果,将工件沿电极丝运动轨迹切割成所需要的形状和尺寸,完成电火花线切割加工。

实现电火花线切割加工必须具备下列基本条件:

①必须有足够的放电能量,以保证放电部位的金属迅速熔化和气化。

②必须是瞬时的脉冲放电,以使放电所产生的热量来不及传导到其他部分,使每次熔化和气化的金属微粒极小,保证加工精度。

③必须要有合适的脉冲间歇。在一次脉冲放电之后,如果没有放电间歇,就会产生连续的电弧,烧伤工件表面,从而无法保证尺寸精度和表面粗糙度。连续的电弧产生的高温会使电极丝迅速损耗,造成断丝,使加工无法进行。如果放电间歇时间过短,电腐蚀产物和气泡来不及排除,就会改变间隙中介质成分和绝缘强度,影响电离过程,所以要保证合适的间歇,使电腐蚀物和气泡及时排除。为下一阶段脉冲放电做好准备。

④必须保证电极丝和工件之间始终保持一定距离以形成放电间隙。一旦电极丝和工件之间发生短路,它们之间的电压就会降为零,不再发生放电。间隙的大小与加工电压及介质有关。控制系统可通过调节进给速度来保证一定放电间隙并在发生短路时使电极丝回退以消除短路。

⑤放电必须在具有一定绝缘性的液体介质中进行,它既要避免电极丝和工件之间发生短路,又要在电场力的作用下发生电离,形成导电通道。液体介质还要有良好的流动性以便将电蚀产物从放电间隙中排除并对电极丝进行冷却。

只有具备了以上基本条件,电火花线切割才能顺利进行。

(2)线切割机床加工的特点

电火花线切割机床广泛用于冲模、挤压模、塑料模、电火花加工型腔模时所用电极的加工(如表7.1所示)。由于电火花线切割加工技术的普遍应用及加工速度和精度的迅速提高,目前已到可与坐标磨床相竞争的程度。例如中小型冲模,过去采用凹凸模分开,曲线磨削的方法加工,现在改用电火花线切割整体加工,使配合精度提高,制造周期缩短,成本降低。目前许多线切割机床采用四轴联动,可以加工锥体、直纹曲面体等零件。

表7.1　电火花线切割加工的应用领域

应用领域	应用举例
模具加工	冲模、粉末冶金模、拉拔模、挤压模等
电火花成型加工的电极加工	形状复杂的电极、穿孔用电极、带锥度电极等
轮廓量规、刀具、样板的加工	各种卡板量具、模板、成型刀具等
试制品和特殊形状零件的加工	试制件、单件、小批量零件、凸轮、异型槽、窄槽、淬火零件等
特殊用途、特殊材料零件的加工	材料试样、硬质合金、半导体材料、化纤喷嘴等

电火花线切割加工归纳起来有以下一些特点:

1)可以加工用一般切削加工方法难以加工或无法加工的形状复杂的工件。加工不同的工件只需编制不同的控制程序,对不同形状的工件能容易地实现自动化加工,更适合于小批量形状复杂零件、单件和试制品的加工,加工周期短。

2)电极丝在加工中作为"刀具"不直接接触工件,两者之间的作用力很小,因而不要求电极丝、工件及夹具有足够的刚度,以抵抗切削变形。因此可以加工低刚度零件。

3)电极丝材料不必比工件材料硬,可以加工一般切削加工方法难加工和无法加工的金属材料和半导体材料。在加工中作为刀具的电极丝无须刃磨,可节省辅助时间及刀具刃磨费用。

4)直接利用电、热能进行加工,可以方便地对影响加工精度的加工参数(如脉宽、间歇、电流等)进行调整,有利于加工精度的提高。便于实现加工过程的自动化。

5)与一般切削加工相比,线切割加工的金属去除率低,因此加工成本高,不适合形状简单的大批量零件的加工。

由于电火花线切割加工有以上的优点,已成为机械行业不可缺少的先进加工方法。

7.1.2　线切割加工的工艺准备

(1)零件图工艺分析和审核

分析图样对保证工件加工质量和工件的综合技术指标是有决定意义的第一步。以冲裁模为例,在消化图样时首先要挑出不能或不宜用电火花线切割加工的工件图样,大致有如下几种:

1)表面粗糙度和尺寸精度要求很高,切割后无法进行手工研磨的工件;

2)窄缝小于电极丝直径加放电间隙的工件,或图形内拐角处不允许带有电极丝半径加放电间隙所形成的圆角的工件;

3）非导电材料；

4）厚度超过丝架跨距的零件；

5）加工长度超过 x、y 拖板的有效行程长度，且精度要求较高的工件。

在符合线切割加工工艺的条件下，应着重在表面粗糙度、尺寸精度、工件厚度、工件材料、尺寸大小、配合间隙、冲制件厚度和热处理等方面仔细考虑。

（2）冲模间隙和过渡圆半径的确定

1）合理确定冲模间隙

冲模间隙的合理选用，是关系到模具的寿命及冲制件毛刺大小的关键因素之一。不同材料的冲模间隙一般在如下范围选择：

软质冲裁材料，如紫铜、软铝、半硬铝、胶木板、红纸板、云母片等，凸凹模间隙可选为冲材厚度的 8% ～10%。半硬质冲裁材料，如黄铜、青铜、硬铝等，凸凹模间隙可选为冲材厚度的 10% ～15%。硬质冲裁材料，如铁皮、钢片、硅钢片等，凸凹模间隙可选为冲材厚度的 15% ～20%。

2）合理确定过渡圆半径

为了提高一般冷冲模具的使用寿命，在直线与直线、直线与圆、圆与圆相交处，特别是小角度的拐角上都应加过渡圆。过渡圆的大小可根据冲裁材料厚度、模具形状和要求寿命及冲制件的技术条件考虑，随着冲制件的增厚，过渡圆亦可相应增大。一般可在 0.1～0.5 mm 范围内选用。

对于冲件材料较薄、模具配合间隙很小，为了得到良好的凸、凹模配合间隙，一般在图形拐角处也要加一个过渡圆。因为电极丝加工轨迹会在内拐角处自然加工出半径等于电极丝半径加单面放电间隙的过渡圆。

（3）编写加工用程序

编程时，要根据坯料的情况，选择一个合理的装夹位置，同时确定一个合理的起割点和切割路线。起割点应取在图形的拐角处，或在容易将凸尖修去的部位。切割路线主要以防止或减少模具变形为原则，一般应考虑使靠近装夹这一边的图形最后切割为宜。

1）安装夹具对编程的影响

采用适当的夹具，可使编程简化，或使加工范围扩大，如采用适当的夹具，可加工出车刀的立体角、导轮的沟槽、样板的椭圆线和双曲线等。这就扩大了线切割机床的使用范围。

2）工件在工作台上的装夹位置对编程的影响

①适当的定位可以简化编程工作　工件在工作台上的位置不同，会影响工件轮廓线的方位，也就影响各点坐标的计算结果，进而影响各段程序。在图 7.2（a）中，若使工件的 α 角为 0°、90°以外的任意角，则矩形轮廓各线段都成了切割程序中的斜线，这样，计算各点的坐标等都比较麻烦，还可能发生错误。如条件允许，使工件的 α 角成 0°和 90°，则各条程序皆为平行于坐标轴的直线程序，这就简化了编程，从而减少差错。同理，图 7.2（b）中的图形，当 α 角为 0°、90°或 45°时，也会简化编程。而 α 为其他角度时，会使编程复杂些。

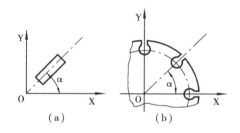

图 7.2　工件定位对编程的影响的示意图之一

②合理的定位可充分发挥机床的效能 有时则与上述情况相反,需要合理限制工件的定位,用改变编程的办法来满足加工要求。如图 7.3 所示,工件的最大长度尺寸为 139 mm ,最大宽度为 20 mm,工作台行程为 100 mm ×120 mm。很明显,若用图 7.3(a)的定位方法,在一次装夹中就不能完成全部轮廓的加工,如选图 7.3(b)的定位方法,可使全部轮廓落入工作台行程范围内,虽然编程比较复杂,但可在一次装夹中完成全部加工。

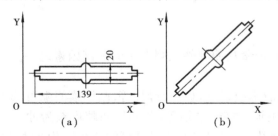

图 7.3 工件定位对编程的影响的示意图之二

图 7.4 程序起点对加工精度的影响

3)程序的走向及起点的选择

为了避免材料内部组织及内应力对加工精度的影响,除了考虑工件在坯料中的取出位置之外,还必须合理地选择程序的走向和起点。如图 7.4 所示,加工程序引入点为 A,起点为 a,则走向可有:

①A→a→b→c→d→e→f→a→A;

②A→a→f→e→d→c→b→a→A。

如选②走向,则在切割过程中,工件和易变形的部分相连接,会带来较大的误差;如选①走向,就可以减少或避免这种影响。

如加工程序引入点为 B,起点为 d,这时无论选哪种走向,其切割精度都会受到材料变形的影响。

4)附加程序

附加程序一般有以下几种:

①引入程序 程序起点是在程序的某个节点上,如图 7.5 之 a 点。在一般情况下,引入点(如图 7.5 中之 A)不能与起点重合。这就需要一段引入程序。引入点有时可选在材料实体之外(如大多数凸模的加工),有时也选在材料实体之内(如凹模加工),这时还要预制工艺孔,以便穿丝。

引入点应尽量靠近程序的起点,以使引入程序最短,缩短切割时间。另外预制工艺孔虽会带来制孔、穿丝的麻烦,但由于合理地选用了引入点和引入程序,故控制了加工过程中的材料变形,提高了加工效率和精度。

②切出程序 有时工件轮廓切完之后,钼丝还需要沿切入程序反向切出。如图 7.5 所示,如果材料的变形使切口闭合,当钼丝切至边缘时,会因材料的变形而卡断钼丝。这时应在切出过程中,附加一段保护钼丝的切出程序(如图 7.5 中 A′—A″)。A′点距材料边缘的距离,应依变形力大小而定,一般为 1 mm 左右。A′—A″斜度可取 1/3 ~ 1/4。

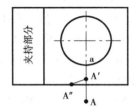

7.5 附加切出程序示意图

③超切程序和回退程序 因为钼丝是个柔性体,加工时受放电压力、工作液压力等的作

用,使加工区间的钼丝滞后于上下支点一小段距离,即钼丝工作段会发生挠曲,如图7.6(a)所示,这样拐弯时就会抹去工件轮廓的尖角,影响加工质量。为了避免抹去尖角,可增加一段超切程序,如图7.6(b)中的 A—A′段。钼丝切割的最大滞后点达到程序节点 A,然后再附加 A′点返回 A 点的返回程序 A′—A。接着再执行原程序,便可割出尖角。

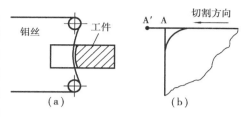

图7.6　加工时钼丝挠曲及其影响

(4)程序输入和试切

根据实际情况,程序可以直接由键盘输入,或从编程机直接把程序传输到控制器中。

对简单有把握的工件可以直接加工,对尺寸精度要求高、凸凹模配合间隙小的模具,必须要用薄料试切,从试切件上可检查其精度和配合间隙。如发现不符合要求,应及时分析,找出问题,修改程序直至合格后才能正式加工模具。这一步骤是避免工件报废的一个重要环节。

(5)机床的检查与调整

加工前,特别是加工精密工件之前,要对机床进行检查与调整。

1)检查导轮

加工前,应仔细检查导轮 V 形槽是否受损。因导轮与电极丝间的电腐蚀及滑动摩擦等,易使导轮 V 形槽出现沟槽,这不但会引起电极丝产生抖动,也易被卡断。所以要经常检查和更换。另外应注意去除堆集在 V 形槽内的电蚀产物。

2)检查保持器

电极丝导向定位采用保持器或辅助导轮时,必须经常检查其工作面是否出现沟槽。如果出现沟槽,应调换保持器工作台面位置或更换辅助导轮。

3)检查纵、横方向拖板丝杠副间隙

纵、横方向拖板丝杠副的配合间隙,由于频繁往复运动会发生变化。因此在加工工件前,要认真检查与调整,符合相应精度标准后,再开始加工。

(6)选配工作液与检验工作液循环系统

根据线切割机床的类型和加工对象,选择工作液的种类、浓度及电导率等。对于快速走丝线切割机床常用乳化液,浓度为 10% 左右。对于慢速走丝线切割机床,选用去离子水或煤油等。使用去离子水时,应注意调节离子浓度。工作液应保持一定的清洁度,如果发现过脏,应及时更换。然后检查工作液循环系统工作是否正常,并调节工作液喷流压力。

(7)电极丝的选择、盘绕和调整

根据加工要求选用一定直径、质量合格的电极丝。

盘绕电极丝时应掌握好松紧程度,一般在抗拉强度允许条件下,可绷得紧些。采用单丝筒快速走丝机构时,排丝距应大于丝径。采用双机双丝轮结构时,要调整好电极之间的拉力与张力,使之既能将电极丝绷直,又能使电极丝在使用中不被拉断。

加工前应校正和调整电极丝对工作台面的垂直度。目前多借助校正工具来调整电极丝对工作台面的垂直度。

(8)加工基准的准备

为了便于线切割加工,根据工件外形和加工要求,应准备相应的校正和加工基准。此基准应尽量与图纸的设计基准一致。

1）以外形为校正加工基准

外形是矩形状的工件，一般需要有两个相互垂直的基准面，并垂直于工件的上下平面，如图7.7所示。

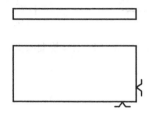

图7.7　矩形工件的校正与加工基准

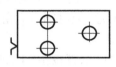

图7.8　以外形为校正基准，内孔为加工基准

2）以外形为校正基准，内孔为加工基准

无论外形是矩形还是圆形或其他异形的工件，都应准备一个与工件的上下面保持垂直的校正基准，此时，其中一个内孔可作为加工基准，如图7.8所示。在大多数情况下，外形基面在线切割加工前的机械加工中就已制备了。工作淬硬后，若基面变形很小，可稍加打光便可用线切割加工；若变形较大，则基面应当重新修磨。

（9）加工穿丝孔

1）切割凸模类零件

加工凸模类零件通常由外向内顺序切割。但坯件材料的割断，会在很大程度上破坏材料内部应力平衡状态，使材料变形。因此电极丝最好不由坯件的外部切进去，而是将切割的起始点取在坯件预制的穿丝孔中，如图7.9所示。

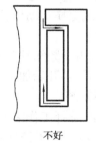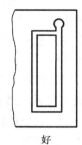

不正确　　　　　　　不好　　　　　　　好

图7.9　在毛坯件内部预制穿丝孔

2）切割孔类工件

①确定穿丝孔位置　穿丝孔位置选在工件待切割型孔的中心时，操作加工较方便。选在靠近待切割型孔的边角处时，切割无用轨迹最短。选在已知坐标尺寸的交点处时，有利于尺寸的推算。因此，要根据实际情况妥善选取穿丝孔位置。

②确定穿丝孔的大小　穿丝孔的大小要适宜，一般不宜太小。如果穿丝孔很小，不但增加钻孔困难，而且不便穿丝，太大则没有必要，一般选用直径为3～10 mm范围内。

7.1.3　零件装夹

工件装夹的形式对加工精度有直接影响。电火花线切割加工机床的夹具比较简单，一般是在通用夹具上采用压板螺钉固定工件。为了适应各种形状工件加工的需要，还可使用磁性夹具、旋转夹具或专用夹具等。

（1）工件支撑装夹的几种方法

1）悬臂支撑方式

如图 7.10 所示,悬臂支撑通用性强,装夹方便。但由于工件单端压紧,另一端悬空,使得工件不易与工作台平行,所以易出现上仰或倾斜的情况,致使切割表面与工件上下平面不垂直或达不到预定的精度。因此,只有在工件的技术要求不高或悬臂部分较小的情况下才能采用。

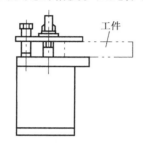

图 7.10　悬臂支撑夹具

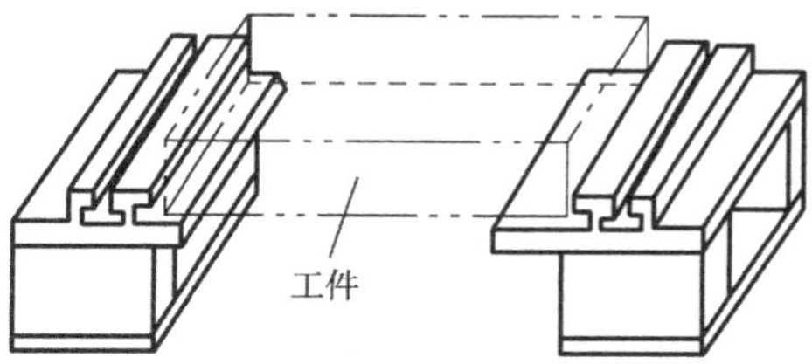

图 7.11　两端支撑夹具

2）两端支撑方式

如图 7.11 所示,两端支撑是把工件两端都固定在夹具上,这种方法装夹支撑稳定,平面定位精度高,工件底面与切割面垂直度好,但对较小的零件不适用。

3）桥式支撑方式

如图 7.12 所示,桥式支撑是在两端夹具体下垫上两个支撑铁架。其特点是通用性强、装夹方便,对大、中、小工件装夹都比较方便。

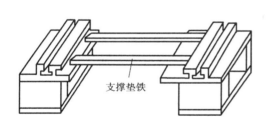

图 7.12　桥式支撑夹具

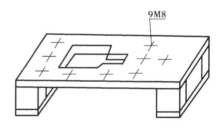

图 7.13　板式支撑方式夹具

4）板式支撑方式

如图 7.13 所示,板式支撑夹具可以根据经常加工工件的尺寸而定,有矩形或圆形孔,可增加 x 和 y 两方向的定位基准,装夹精度较高,适于常规生产和批量生产。

5）复式支撑方式

如图 7.14 所示,复式支撑夹具是在桥式夹具上,再装上专用夹具组合而成,它装夹方便,特别适用于成批零件加工,既可节省工件找正和调整电极丝相对位置等辅助工时,又保证了工件加工的一致性。

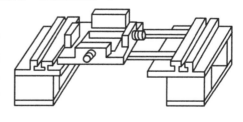

图 7.14　复式支撑夹具

（2）工件的找正方法

1）拉表法

如图 7.15 所示,拉表法是利用磁力表架,将百分表固定在线架或其他固定位置上,百分表触头接触在工件基面上,然后,旋转纵(或横)向丝杠手柄使拖板往复移动,根据百分表指示数值相应调整工件,校正应在三个坐标方向上进行。

2)划线找正法

划线找正法如图 7.16 所示,固定在线架上的一个带有顶丝的零件将划针固定,划针尖指向工件图形的基准线或基准面,移动纵(或横)向拖板,根据目测调整工件找正。这种找正方法精度低,适用于粗校正工件或找正要求低的场合。

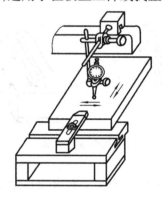

图 7.15 拉表法找正

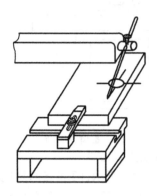

图 7.16 划线法找正

3)按基准孔或已成型孔找正

①按已成型孔找正 当线切割型孔位置与外形要求不严,但与工件上已成型的型腔位置要求严时,可靠紧基面后,按成型型孔找正后走步距再加工。

②按基准孔找正 线切割加工工件较大,但切割型孔总的行程未超过机床行程,又要求按外形找正时,可按外形尺寸做出基准孔,线切割时按基面靠直后再按基准孔定位。

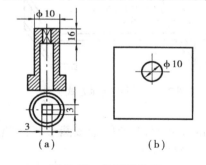

图 7.17 按外形找正

③按外形找正 当线切割型孔位置与外形要求较严时,可按外形尺寸来定位。此时最少要磨出侧垂直基面,有的甚至要磨六面。圆形工件通常要求圆柱面和端面垂直。这样,靠圆柱面即可定位。当切割型孔在中心且与外形同轴度要求不严,又无方向性时,可直接穿丝,然后用钢尺比一下外形,钼丝在中间即可。若与外形同轴度虽要求不严但有方向性时,可按线找正。若同轴度要求严,方向性也严时,则要求磨基准孔和基面。当基准孔无法磨时(如很小)也可按线仔细找正。按外形找正有两种,一是直接按外形找正,二是按工件外形配做一简易夹具,如图 7.17 所示,需加工图 7.17 (a)中 3 mm × 3 mm 方孔,可采用图 6.17(b)所示的简易夹具,在夹具上先按工件外圆直径 (φ10)切出一个 φ10 孔。加工时,先安装好简易夹具,找正 φ10 的孔,此孔中心即为工件中心。工件装入夹具 φ10 孔内,固定好后即可加工。

(3)确定电极丝坐标位置的方法

在数控线切割中,需要确定电极丝相对工件的基准面、基准线或基准孔的坐标位置,可按下列方法进行。

1）目视法

对加工要求较低的工件,确定电极丝和工件有关基准线和基准面相互位置时,可直接目视或借助于 2~4 倍的放大镜来进行观测。

2）火花法

火花法是利用电极丝与工件在一定间隙下发生放电的火花来确定电极丝坐标位置的,如图7.18。摇动拖板的丝杠手柄,使电极丝逼近工件的基准面,待开始出现火花时,记下拖板的相应坐标。该方法方便、易行,但电极丝逐步逼近工件基准面时,开始产生脉冲放电的距离往往并非正常加工条件下电极丝与工件间的放电距离。

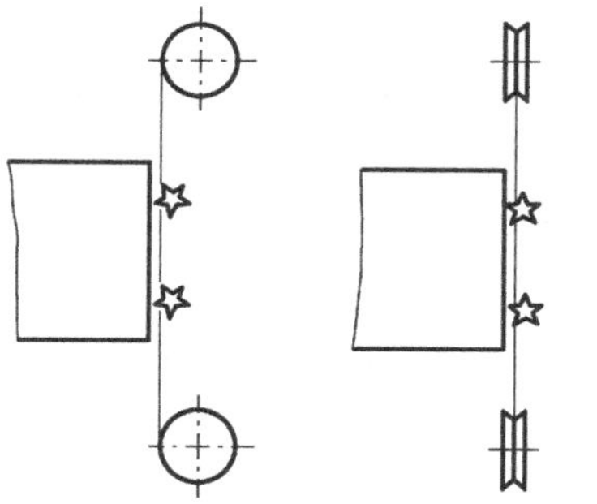

3）电阻法

利用电极丝与工件基准面由绝缘到短路接触的瞬间,两者间电阻突变的特点来确定电极丝相对工件基准的坐标位置。

图 7.18　火花法确定电极丝的坐标位置

4）夹具固定基准定位法

如果加工中使用的夹具其纵、横方向基准面与电极丝相对坐标位置已经确定,这时只需将工件相应基准面靠上去,就可确定电极丝与工件基准孔的坐标。

7.1.4　工艺参数的选择

（1）加工工艺指标

电火花线切割加工工艺指标主要包括切割速度、表面粗糙度、加工精度等。此外,放电间隙、电极丝损耗和加工表面层变化也是反映加工效果的重要内容。

（2）影响工艺指标的因素

影响工艺指标的因素很多,如机床精度、脉冲电源的性能、工作液脏污程度、电极丝与工件材料及切割工艺路线等等。脉冲电源的波形与参数对材料的电腐蚀过程影响极大,它们决定着放电痕（表面粗糙度）蚀除率、切缝宽度的大小和钼丝的损耗率,进而影响加工的工艺指标。

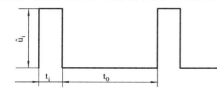

图 7.19　矩形波脉冲

目前广泛应用的脉冲电源波形是矩形波,下面以矩形波脉冲电源为例,说明脉冲参数对加工工艺指标的影响。矩形波脉冲电源的波形如图 7.19 所示,它是晶体管脉冲电源中使用最普遍的一种波形,也是线切割加工中行之有效的波形之一。

1）短路峰值电流对工艺指标的影响

当其他工艺条件不变时,增加短路峰值电流,切割速度提高,表面粗糙度变差。这是因为短路峰值电流大,表明相应的加工电流峰值就大,单个脉冲能量亦大,所以放电痕大,故切割速度高,表面粗糙度差。增大短路峰值电流,不但使工件放电痕变大,而且使电极丝损耗变大,这两者均使加工精度稍有降低。

2）脉冲宽度对工艺指标的影响

在一定工艺条件下,增加脉冲宽度,使切割速度提高,但表面粗糙度变差。这是因为脉冲

169

宽度增加,使单个脉冲放电能量增大,则放电痕也大。同时,随着脉冲宽度的增加,电极丝损耗变大。

3)脉冲间隔对工艺指标的影响

在一定的工艺条件下,减小脉冲间隔,切割速度提高,表面粗糙度 Ra 稍有增大,这表明脉冲间隔对切割速度影响较大,对表面粗糙度影响较小。因为在单个脉冲放电能量确定的情况下,脉冲间隔较小,致使脉冲频率提高,即单位时间内放电加工的次数增多,平均加工电流增大,故切割速度提高。

4)开路电压对工艺指标的影响

在一定的工艺条件下,随着开路电压峰值的提高,加工电流增大,切割速度提高,表面变粗糙。因电压高使加工间隙变大,所以加工精度略有降低。但间隙大,有利于放电产物的排除和消电离,则提高了加工稳定性和脉冲利用率。

实践表明,改变矩形波脉冲电源的一项或几项电参数,对工艺指标的影响很大,操作时须根据具体的加工对象和要求,全面考虑诸因素及其相互影响关系。选取合适的电参数,既要满足主要加工要求,又得注意提高各项加工指标。

(3)根据加工对象合理选择电参数

1)要求切割速度高时

当脉冲电源的空载电压高、短路电流大、脉冲宽度大时,则切割速度高。但是切割速度和表面粗糙度的要求是互相矛盾的两个工艺指标,所以,必须在满足表面粗糙度的前提下再追求高的切割速度。而且切割速度还受到间隙消电离的限制,也就是说,脉冲间隔也要适宜。

2)要求表面粗糙度好时

若切割的工件厚度在 80 mm 以内,则选用分组波的脉冲电源为好,它与同样能量的矩形波脉冲电源相比,在相同的切割速度条件下,可以获得较好的表面粗糙度。

无论是矩形波还是分组波,其单个脉冲能量小,则 Ra 值小。也就是说,脉冲宽度小、脉冲间隔适当、峰值电压低、峰值电流小时,表面粗糙度较好。

3)要求电极丝损耗小时

多选用前阶梯脉冲波形或脉冲前沿上升缓慢的波形,由于这种波形电流的上升率低,故可以减小丝损。

4)要求切割厚工件时

选用矩形波、高电压、大电流、大脉冲宽度和大的脉冲间隔可充分消电离,从而保证加工的稳定性。

如加工模具厚度为 20 ~ 60 mm,表面粗糙度 Ra 值为 1.6 ~ 3.2 μm,脉冲电源的电参数可在如下范围内选取:

脉冲宽度 4 ~ 20 μs   加工电流 1 ~ 2 A   脉冲电压 80 ~ 100 V

切割速度为 15 ~ 40 mm²/min   功率管数 2 ~ 4 个

选择上述的下限参数,表面粗糙度 Ra 为 1.6 μm,随着参数的增大,表面粗糙度值增至 3.2 μm。

加工薄工件和试切样板时,电参数应取小些,否则会使放电间隙增大。

(4)合理选择进给速度

1)进给速度调得过快

超过工件的蚀除速度,会频繁地出现短路,造成加工不稳定,使实际切割速度反而降低,加工表面呈褐色,工件上下端面处有过烧现象。

2)进给速度调得太慢

大大落后于工件可能的蚀除速度,极间将开路,使脉冲利用率过低,切割速度大大降低,加工表面呈淡褐色,工件上下端面处有过烧现象。

3)进给速度调得适宜

加工稳定,切割速度高,加工表面细而亮,丝纹均匀,可获得较好的表面粗糙度和较高的精度。

7.2　数控线切割机床的编程方法

7.2.1　数控线切割机床编程基础

(1)数控线切割机床坐标系

数控线切割机床主要由主机、机床电气箱、工作液箱、自适应脉冲电源和数控系统等组成。机床的工作台分上下拖板(上拖板代工作台面)均可独立前后运动,下拖板移动方向为 X 轴,上拖板移动方向为 Y 轴,如图 7.20 所示。

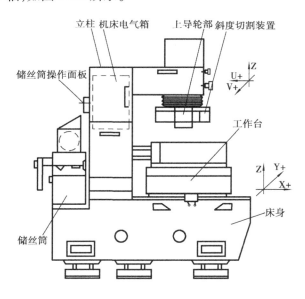

图 7.20　线切割机床外形图

(2)线切割加工程序编制的步骤

编程时,首先应对图样规定的技术特性、零件的几何形状、尺寸及工艺要求进行分析;确定加工方法和加工路径;再进行数值计算,获得加工数据;然后,按机床规定的编程代码和程序格式,将工件的尺寸、切割轨迹、偏移量、加工参数等编制成加工程序;编写完成的程序一般要经过检验才能正式加工。

7.2.2 数控线切割机床的常用编程格式

数控线切割程序编制的方法有手工编程和自动编程,一般简单形状的线切割加工可以采用手工编程。我国数控线切割机床常用的手工编程的程序格式为 3B、4B 格式,为了便于国际交流和标准化,正在逐渐向 ISO 代码过渡。

(1)3B 格式程序编制

程序格式:

3B 格式为无间隙补偿的五指令程序,其格式为:BXBYBJGZ,见表 7.2。

表 7.2　3B 程序格式

B	X	B	Y	B	J	G	Z
分隔符号	X 坐标值	分隔符号	Y 坐标值	分隔符号	计数长度	计数方向	加工指令

1)分隔符号 B

因 X、Y、J 均为数值码(单位均为 μm),用 B 分隔 X、Y 和 J 的数值。

2)坐标值 X、Y

编程时对 X、Y 坐标值只输入绝对值,数字为零时可以不写,但必须留分隔符号。加工与 X、Y 轴不重合的斜线时,取加工的起点为切割坐标系的原点,X、Y 值为终点的坐标值,允许将 X、Y 值按相同比例放大或缩小。加工圆弧时,坐标原点取在圆心,X、Y 为起点坐标值。

3)计数方向 G

计数方向可按 X 方向或 Y 方向记数,记为 G_X 或 G_Y,为了保证加工精度,正确选择记数方向非常重要。加工斜线时,计数方向的选择可以以 45°为界线,如图 7.21 所示。若斜线(终点坐标为 Xe、Ye)位于 ±45°以内时,取 G_X,反之取 G_Y。若斜线正好为 ±45°,计数方向可任意选择。即:|Xe|>|Ye|时,取 G_X;|Ye|>|Xe|时,取 G_Y;凡|Xe|=|Ye|时,取 G_X 或 G_Y 均可。

加工圆弧时,计数方向取决于圆弧的终点情况。加工圆弧的终点坐标(Xe、Ye)在如图 7.22 所示的阴影区时,计数方向取 G_X,反之取 G_Y。即:|Xe|>|Ye|时,取 Gy,|Ye|>|Xe|时,取 G_X;|Xe|=|Ye|时,取 G_X 或 G_Y。

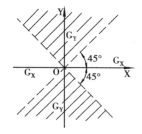

图 7.21　斜线加工时计数方向的选取　　　图 7.22　圆弧加工时计数方向的选取

4)计数长度 J

计数长度是指被加工图形在计数方向上的投影长度(即绝对值)的总和,单位均为 μm。对计数长度 J,有些线切割机床规定应写满六位数,如计数长度为 1913,写为 001913。

5)加工指令 Z

加工指令 Z 用来传递被加工图形的形状、所在象限和加工方向等信息。控制系统根据加工指令,正确选用偏差计算公式,进行偏差计算并控制工作台进给方向,从而实现自动加工。加工指令共有 12 种,分为直线和圆弧两类。加工直线时,按切割走向和终点所在象限分为 L1 (含 X 轴正向)、L2(含 Y 轴正向)、L3(含 X 轴负向)、L4(含 Y 轴负向)四种。若直线与坐标轴重合,编程时取 X、Y 为 0。加工圆弧时,按圆弧起点所在象限和切割走向的顺、逆而分为 SRl、SR2、SR3、SR4 及 NRl、NR2、NR3、NR4 等八种,如图 7.23 所示。

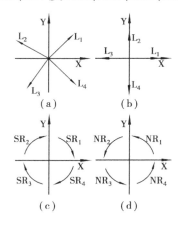

图 7.23　加工指令

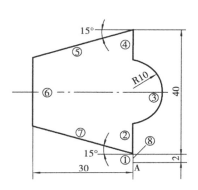

图 7.24　编程零件

6)DD 为程序结束

例:加工图 7.24 所示零件,按 3B 格式编写该零件的线切割加工程序。

a. 确定加工路线　起始点为 A,加工路线按照图中所标的①→②→③→…→⑧段的顺序进行。①段为切入,⑧段为切出,②~⑦段为程序零件轮廓。

b. 分别计算各段曲线的坐标值。

c. 按 3B 格式编写程序清单,程序如下。

加工程序:

B0	B2000	B2000	GY	L2	起点为 A,①段切入
B0	B10000	B10000	GY	L2	加工直线段②
B0	B10000	B20000	GX	NR4	加工圆弧③
B0	B10000	B10000	GY	L2	加工直线段④
B30000	B8040	B30000	GX	L3	加工直线段⑤
B0	B23920	B23920	GY	L4	加工直线段⑥
B30000	B8040	B30000	GX	L4	加工直线段⑦
B0	B2000	B2000	GY	L4	直线段⑧切出
DD					

(2)ISO 格式编程

表 7.3 所示为我国生产的 MDVIC EDW 快走丝电火花线切割机床采用的 ISO 指令代码,与国际上使用的标准基本一致。

下面仅对线切割加工中的一些特殊指令作简要说明。

表7.3　数控线切割机床常用 ISO 指令代码

代　码	功　能	代　码	功　能
G00	快速定位	G55	加工坐标系2
G01	直线插补	G56	加工坐标系3
G02	顺圆插补	G57	加工坐标系4
G03	逆圆插补	G58	加工坐标系5
G05	X 轴镜像	G59	加工坐标系6
G06	Y 轴镜像	G80	接触感知
G07	X、Y 轴交换	G82	半程移动
G08	X 轴镜像,Y 轴镜像	G84	微弱放电找正
G09	X 轴镜像,X、Y 轴交换	G90	绝对坐标
G10	Y 轴镜像,X、Y 轴交换	G91	增量坐标
G11	Y 轴镜像,X 轴镜像,X、Y 轴交换	G92	定起点
G12	消除镜像	M00	程序暂停
G40	取消间隙补偿	M02	程序结束
G41	左偏间隙补偿,D 偏移量	M05	接触感知解除
G42	右偏间隙补偿,D 偏移量	M96	主程序调用文件程序
G50	消除锥度	M97	主程序调用文件结束
G51	锥度左偏,A 角度值	W	下导轮到工作台面高度
G52	锥度右偏,A 角度值	H	工件厚度
G54	加工坐标系1	S	工作台面到上导轮高度

1)G05、G06、G07、G08、G09、G10、G11、G12:镜像及交换指令

在加工零件时,常遇到零件上的加工要素是对称的,此时可用镜像及交换指令进行加工。

G05:X 轴镜像,函数关系式:Y = − Y。

G06:Y 轴镜像,函数关系式: X = − X。

G07:X、Y 轴交换,函数关系式:X = Y,Y = X。

G08:X 轴镜像,Y 轴镜像,函数关系式:X = − X,Y = − Y。即:G08 = C05 + G06

G09:X 轴镜像,X、Y 轴交换。即:G09 = G05 + G07

G10:Y 轴镜像,X、Y 轴交换。即:G10 = G06 + G07

G11:X 轴镜像,Y 轴镜像。X、Y 轴交换。即:G11 = G05 + G06 + G07

G12:消除镜像,每个程序镜像结束后使用。

2)G50、G51、G52:锥度加工指令

G51:锥度左偏指令,程序格式:G51 A

G52:锥度右偏指令,程序格式:G52 A

G50:锥度取消指令,程序格式:G50

其中 A 为倾斜角度,如为5°写为 A5。

锥度加工是通过驱动 U、V 工作台(轴)实现的。U、V 工作台通常装在上导轮部位,在进行锥度加工时,控制系统驱动 U、V 工作台,使上导轮相对 X、Y 工作台平移,带动电极丝在所要求的锥角位置上移动。加工带锥度的工件时,要正确使用锥度加工指令。顺时针加工型孔时,锥度左偏(使用 G51 指令)加工出来的型孔为上大下小,锥度右偏(使用 G52 指令)加工出

来的型孔为上小下大;逆时针加工时,锥度左偏加工出来的型孔为上小下大,锥度右偏加工出来的型孔为上大下小。对于 U、V 工作台装在上导轮部位的线切割机床,锥度加工时,以工件底面(工作台面)为编程基准,如图 7.25 所示。顺时针加工时,沿着电极丝前进的方向,上导轮带动电极丝向左倾斜实现上大下小为锥度左偏,使用 G51 指令。逆时针加工时,沿着电极丝前进的方向,上导轮带动电极丝向右倾斜实现上大下小为锥度右偏,使用 G52 指令。锥度加工时,还需输入工件及工作台参数(图 7.25)。

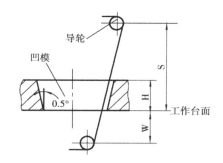

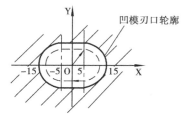

图中:W:下导轮中心到工作台面的距离(mm)

　　　H:工件厚度(mm)

　　　S:工作台到上导轮中心高度(mm)

图 7.25　锥度加工情况

3)G54、G55、G56、G57、G58、G59:加工坐标系设置指令

多孔零件加工时,可以设定不同的程序零点。利用 G54 ~ G59 建立不同的加工坐标系,其坐标系的原点(程序零点)可设在每个型孔便于编程的某一点上,可使尺寸计算简单,编程方便。

4)G80、G82、G84:为手动操作指令

G80:接触感知指令,使电极丝从当前位置移动到接触工件后停止。

G82:半程移动指令,使加工位置沿指定坐标轴返回一半的距离,即当前坐标系中坐标值一半的位置。

G84:校正电极丝指令,通过微弱放电校正电极丝与工作台垂直,在加工前一般先要进行校正。

5)辅助功能指令

M00——程序暂停,按"回车"键后才能执行下面的程序。

M02——程序结束。

M05——接触感知解除。

M96——程序调用。

7.2.3　线切割编程实例

1)编制加工如图 7.26 所示的工件的加工程序,钼丝当前的位置为坐标原点。

用 ISO 格式编程:

G92X0Y0;
G90G01G41D110X5000Y4000;
G03X5000Y16000I0J6000;
G01X21000Y16000;
G03X21000Y4000I0J－6000;
G01X5000Y4000;

用 3B 格式编程:

B5000　B4000　B5000　GX　L1
B0　B6000　B12000　GX　NR4
B16000　B0　B16000　GX　L1
B0　B6000　B12000　GX　NR2
B16000　B0　B16000　GX　L3
B5000　B4000　B5000　GX　L3

G40G01X0Y0；   DD

M02；

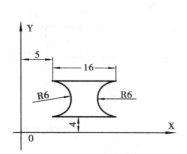

图 7.26 线切割编程实例 1

图 7.27 线切割编程实例 2

2）在数控线切割机床上加工图 7.27 所示凹模型孔。加工中采用直径为 0.2 mm 的钼丝作电极丝，单边放电间隙为 0.01 mm。建立如图所示的编程坐标系，按平均尺寸计算凹模刃口轮廓交点及圆心坐标。试编制加工程序。

经计算凹模刃口轮廓交点及圆心坐标如表 7.4 所示。

表 7.4 凹模刃口轮廓交点及圆心坐标   /mm

交点及圆心	X	Y	交点及圆心	X	Y
A	3.427 0	9.415 7	F	− 50.052 0	− 16.012 5
B	− 14.697 6	16.012 5	G	− 14.697 6	− 16.012 5
C	− 50.025 0	16.012 5	H	3.427 0	− 9.1457
D	− 50.025 0	9.794 9	O	0	0
E	− 50.025 0	9.794 9	O1	60	9

G92 X0 Y0；

G41 D110；

G01 X3427 Y9416；

G01 X − 14698 Y16013；

G01 X − 50025 Y16013；

G01 X − 50025 Y9795；

G02 X − 50025 Y − 9795 I − 9975 J − 9795；

G01 X − 50025 Y − 16013；

G01 X − 14698 Y − 16013；

G01 X3427 Y − 9416；

G03 X3427 Y9416 I0 J9416；

G40 G01 X0 Y0；

M02；

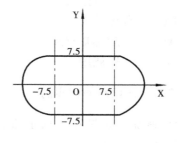

图 7.28 线切割编程实例 3

3）加工如图 7.28 所示的工件，工件的厚度为 20 mm，锥度为 5°，试编制加工程序。

G92 X0 Y0；

W60000；

H40000；

S20000；

G42D110；

G52A5；

G01　X7500 Y7500；

G02　X7500 Y－7500 I0 J－7500；

G01　X－7500 Y－7500；

G02　X－7500 Y－7500 I0 J7500；

G01　X7500 Y7500；

G50；

G40；

G01　X0 Y0；

M02；

4）编制图 7.29 所示多型孔零件线切割加工程序。钼丝直径为 0.18 mm，单边放电间隙为 0.01 mm，穿丝孔位于型孔的几何中心，图中尺寸为平均尺寸。试编制加工程序。偏移量 D＝（0.18/2＋0.01）＝0.1 mm。

线切割程序如下：

An2；　　（主程序程序名）

G90；　　（绝对坐标）

G54；　　（坐标系 1）

G92 X0 Y0；

G00 X20000 Y20000；

M00；　　（程序暂停，在穿丝孔中穿钼丝）

M96 B：yuan.（调用 B 盘文件，yuan 为加工 φ15 孔子程序文件名）

M00；　　（拆钼丝）

G54；

G00 X60000 Y30000；

M00；　　（装钼丝）

M96 B：key.（调用 B 盘文件，key 为加工键槽子程序文件名）

M00；　　（拆钼丝）

G54；

G00 X60000 Y－30000；

M00；　　（装钼丝）

M96B：key.

M00；　　（拆钼丝）

G54；

G00 X20000 Y－20000；

M00；　　（装钼丝）

M96 B：fang（调用 B 盘文件，fang 为加工方孔子程序文件名）

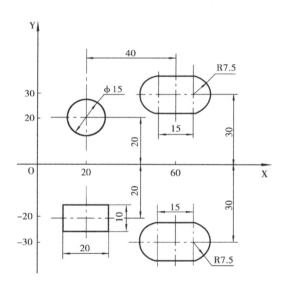

图 7.29　线切割编程实例 4

177

M97；

M02；　（主程序结束）

Yuan（子程序程序名：图7.30(a)圆孔）

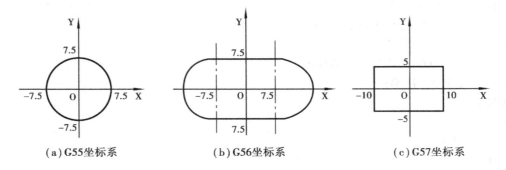

(a) G55坐标系　　　　(b) G56坐标系　　　　(c) G57坐标系

图7.30　子程序坐标系

G55；

G92 X0 Y0；

G42 D100；

G01 X7500 Y0；

G02 X－7500 Y0 I－7500 J0；

G40；

G01 X0 Y0

M02；

Key（子程序程序名：图7.30(b)键槽孔）

G56；

G92 X0 Y0；

G42 D100；

G01 X7500 Y7500；

G02 X7500 Y－7500 I0 J－7500；

G01 X－7500 Y－7500；

G02 X－7500 Y7500 I0 J7500；

G01 X7500 Y7500；

G40；

G01 X0 Y0；

M02；

Fang（子程序程序名：图7.30(c)方孔）

G57；

G92 X0　Y0；

G41 D100；

G01 X0　Y5000；

G01 X－10000 Y5000；

G01 X－10000 Y－5000；

G01 X10000 Y－5000；

G01 X10000 Y5000；

G01 X0　Y5000；

G40；

G01 X0　Y0；

M02；

思考题与习题

1.简述数控电火花线切割加工的原理。

2.电火花线切割加工的特点有哪些?

3.线切割加工时,工件支撑装夹的方法有哪几种?

4.线切割加工时,怎样合理选择电参数?

5.线切割编程的特点是什么?

6.试用 3B 格式编制如图 7.31、图 7.32 所示零件的线切割加工程序。

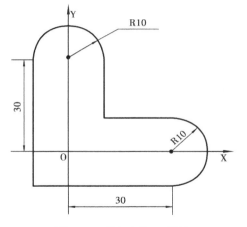

图 7.31　线切割加工零件

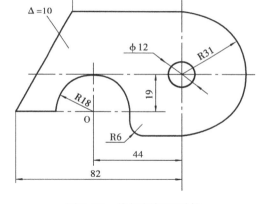

图 7.32　线切割加工零件

7.试分别用 3B、ISO 格式编制如图 7.33 所示零件的线切割加工程序。

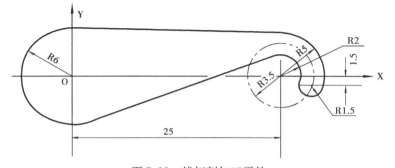

图 7.33　线切割加工零件

第 **8** 章
计算机辅助数控加工编程

8.1 计算机辅助数控加工编程技术概述

数控机床是采用计算机控制的高效能的自动化加工设备,数控加工程序是数控机床运动与工作过程控制的依据,因此数控加工编程是数控机床应用中的重要内容。为了降低数控加工编程的工作难度,减少和避免数控加工程序的错误,提高编程效率,人们开始了对自动编程方法的研究,随着计算机技术和算法语言的不断发展,计算机辅助数控编程技术日趋成熟和完善,已广泛应用于数控加工领域。

8.1.1 计算机辅助数控加工编程的基本原理

计算机辅助数控加工编程的一般过程如图 8.1 所示。编程人员首先将被加工零件的几何图形及有关工艺过程用计算机能够识别的形式输入计算机,利用计算机内的数控系统程序对输入信息进行翻译,形成机内零件拓扑数据;然后进行工艺处理(如刀具选择、走刀分配、工艺参数选择等)与刀具运动轨迹的计算,生成一系列的刀具位置数据(包括每次走刀运动的坐标数据和工艺参数),这一过程称为主信息处理(或前置处理);然后按照 NC 代码规范和所用数控机床控制系统的要求,将主信息处理后得到的刀位文件转换为 NC 代码,这一过程称之为后置处理。经过后置处理便能输出适应某一具体数控机床要求的零件数控加工程序(即 NC 加

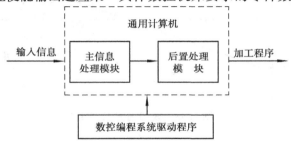

图 8.1 计算机辅助数控加工编程的一般过程

工程序),该加工程序可以通过控制介质(如磁带、磁盘等)或通讯接口送入机床的控制系统。

整个处理过程是在数控编程系统程序(又称系统软件或编译程序)的控制下进行的,数控系统程序包括前置处理程序和后置处理程序两大模块。每个模块又由多个子模块及子处理程序组成。计算机有了这套处理程序,才能识别、计算、转换和处理全部加工信息,它是系统的核心部分。

8.1.2 计算机辅助数控编程技术的发展历程

20 世纪 50 年代末,麻省理工学院(MIT)设计了一种专门用于机械零件加工程序编制的语言 APT。其后 MIT 组织美国各大飞机公司共同开发了 APT Ⅱ。到了 60 年代,在 APT Ⅱ 的基础上研制的 APT Ⅲ 已经到了应用阶段。以后又几经修改和充实,发展成为 APT Ⅳ、APT—AC 和 APT—Ⅳ/SS。

APT 能处理二维、三维铣削加工,但较难掌握。为此,在 APT 的基础上,世界各国发展了带有一定特色和专用性更强的 APT 衍生语言,如美国的 Compact ADAPT,德国的 EXAPT,日本的 HAPT、FAPT,英国的 ZCL,法国的 IFAPT,意大利的 MODAPT 和我国的 SCK-1、SCK-2、SCK-3、CAM251 以及微机上使用的 EAPT、HZAPT、MAPT 等。

APT 使数控加工自动编程任务从面向"汇编语言"级的数控系统指令代码描述,上升到面向零件几何元素和加工方式的高级语言级直接描述,具有程序简练、走刀控制灵活等优点。但 APT 也存在数控语言编程方法难以克服的缺点和不足:零件的设计与加工之间是通过工艺人员对图纸解释和工艺规划来传递信息,对操作者要求很高,且阻碍了设计与制造一体化;用 APT 语言描述零件模型一方面受语言描述能力的限制,同时也使 APT 系统几何定义部分过于庞大,缺少对零件形状、刀具运动轨迹直观的图形显示和验证手段;难以与 CAD 数据库和 CAPP 系统有效连接;不容易做到高度的自动化和集成化。

1972 年,美国洛克西德加利福尼亚飞机公司首先研究成功采用图像仪辅助设计、绘图和编制数控加工程序的一体化系统 CADAM 系统,从此揭开了 CAD/CAM 一体化的序幕。1975 年,法国达索飞机公司引进 CADAM 系统,为已有的二维加工系统 CALI-BRB 增加二维设计和绘图功能,1978 年进一步扩充,开发了 CATIA 系统。随着计算机处理速度的发展和图形设备日益普及,数控编程系统进入了 CAD/CAM 集成化的时代。

目前,应用较为广泛的数控编程系统有 APT—Ⅳ/SS、CADAM、CATIA、UG Ⅱ、INTERG-RAPH、Pro/Engineering、MasterCAM、CIMATRON、CAXA 等,这些系统的数控编程功能都比较强,且各有特色。

8.1.3 计算机辅助数控编程技术的现状与发展趋势

日益增多的复杂形状零件和高精度、高效率的加工对数控编程技术提出了越来越高的要求,面向复杂形状零件、多轴加工和加工过程优化的数控编程技术越来越重要。同时,为适应高速加工、CIMS、并行工程和敏捷制造等先进制造技术的发展,数控编程技术呈现出进一步向集成化、智能化、并行化、标准化和面向车间编程等方向发展的趋势。

(1)**集成化**

集成化是指数控编程系统与其他系统如计算机辅助设计系统、加工过程控制系统、质量控制系统等的集成。集成化的目的是便于各系统的信息反馈和并行处理,提高编程以至整个产品设计制造过程的效率与质量。为了适应设计与制造自动化的要求,特别是适应计算机集成制造系统(CIMS)的要求,必须进一步提高 CAD/CAM 的集成度和集成水平,主要在下述几方面进一步改进和提高:

1)在几何造型方面,实现从曲面造型、实体造型到参数化特征造型的转变,以便建立完整的产品信息(包括几何、工艺、加工、管理等信息)模型,有利于根据模型所包含的几何与非几何信息来自动确定加工方案、进给速度、主轴速度和切削深度等。产品信息模型是一种很有前途的集成化方法,为实现 CIMS 的整体信息奠定了基础。

2)以产品信息模型为基础,建立统一的 CAD/CAM 数据库及其数据库管理系统。

3)实现不同 CAD/CAM 系统之间产品信息模型的转换,逐步向国际标准 STEP(Standard for the Exchange of Product Model Data)靠拢。

4)CAD/CAM 所包括的应用软件更多、内容更丰富。

5)要使 CAD/CAM 系统网络化,为协同工作创造条件。

(2)智能化

数控加工的效率与质量极大地取决于加工方案与加工参数的合理选择,包括合适的机床、刀具形状与尺寸、刀具相对加工表面的姿态、走刀路线、主轴速度、切削深度和进给速度等。为了优化这些参数,必须知道在复杂的切削状态下这些参数与刀具受力、磨损、加工表面质量及机床颤振等众多因素之间的关系。在复杂形状零件的加工过程中,切削状态往往一直是变化的,其优化措施还必须具有动态自适应的特点。加工方案与参数的自动选择与优化是数控编程走向智能化与自动化的重要标志和要解决的关键问题,同时也是实现面向车间编程的重要前提。在建立工艺数据库的基础上,采取自动特征识别和基于特征与知识的编程是解决该问题的重要途径。目前,对于加工方案与参数的自动选择与优化已开展了不少研究,如韩国高等科学与技术研究院开发的 Unified CAM-System、应用并行工程和智能制造模式完成的模具 CAD/CAM、日本索尼公司的 Fesdam 系统以及美国 Purdue 大学开发的 CASCAM 系统等已实现了一定的智能化与自动化,但尚未达到系统实用的程度。

(3)并行化

并行技术是随着 CAD/CAM、CIMS 技术发展提出的一种新的系统工程方法,这种方法的思路,就是并行地、集成地开展产品设计、开发及加工制造。它要求产品开发人员在设计阶段就考虑产品整个生命周期的所有要求,包括质量、成本、进度、用户要求等,以便最大限度地提高产品开发效率和一次成功率。并行工程的关键是用并行设计方法代替串行设计方法。并行技术可使处理速度提高几个数量级,近年来这一技术在 CAD 中的应用已有所突破,但要达到广泛的应用,关键技术之一是并行算法的研究。只有对各具体的应用对象研究出相应的并行算法,才能真正发挥并行处理的作用,达到提高处理速度的目的。

(4)标准化

随着 CAD/CAM 技术的发展和广泛应用,工业化标准问题越来越显得重要。目前基于不同应用领域的 CAD、CAM 系统很多,为了便于把 CAD 系统产生的结果传送给 CAM 系统使用,或者是提供给别的 CAD 系统使用,从而实现资源共享,要求不同系统之间能够方便地交换有关数据。为了解决这个问题,必须制定数据交换标准。迄今国际上已制定了不少的标准,例如面向图形设备的标准 CGI,面向用户的图形标准 GKS、PHICS,面向不同 CAD 系统的数据交换标准 IGES 和 STEP,还有一些窗口标准等。这些标准将深刻地影响着 CAD/CAM 系统的开发,也是 CAD/CAM 技术发展的方向和既定的目标。

8.2 CAD/CAM 集成化软件系统简介

8.2.1 CAD/CAM 软件系统的组成

一个集成化的 CAD/CAM 数控编程系统,一般由几何造型、刀具轨迹生成、刀具轨迹编辑、刀具轨迹验证、后置处理、图形显示、几何模型内核、运行控制和用户界面等部分组成,它们的层次结构如图 8.2 所示。

在 CAD/CAM 集成化软件系统中,几何模型内核是整个系统的核心。在几何造型模块中,常用的几何模型包括表面模型(Surface Model)、实体模型(Solid Model)和加工特征单元模型(Machining Feature Cell Model)。在集成化的 CAD/CAM 系统中,应用最为广泛的几何模型表示方法是边界表示(B-Rep:Boundary Representation)和结构化实体几何(CSG:Constructive Solid Geometry)。在现代 CAD/CAM 系统中,最常用的几何模型内核主要有两种,分别为 Parasolid 和 ACIS。

多轴刀具轨迹生成模块直接采用几何模型中加工(特征)单元的边界表示模式,根据所选用的刀具及加工方式进行刀位计算,生成数控加工刀具轨迹。

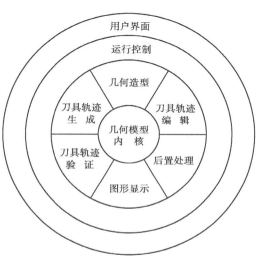

图 8.2 CAD/CAM 集成数控编程系统

刀具轨迹编辑根据加工单元的约束条件对刀具轨迹进行裁剪、编辑和修改。

刀具轨迹验证一方面检验刀具轨迹是否正确,另一方面检验刀具是否与加工单元的约束面发生干涉和碰撞。

后置处理模块按指定机床和控制系统的程序代码格式生成加工程序。

图形显示贯穿整个设计与加工编程过程的始终。

用户界面提供用户一个良好的交互操作环境。

运行控制模块支持用户界面所有的输入输出方式到各功能模块之间的接口。

8.2.2 CAD/CAM 系统的基本功能

一个典型的 CAD/CAM 集成化软件系统,一般应具备以下几大功能模块:

(1)造型设计

包括二维草图(sketch)设计、曲面设计、实体和特征设计、曲线曲面的几何处理、NC 加工特征单元的定义等。其中,二维草图设计包括直线、二次曲线、自由曲线的设计与生成,几何元素之间参数化约束关系的建立等;复杂曲面造型设计包括各种二次曲面和自由曲面的设计与生成,曲线曲面的几何处理,如求交、过渡、拼接、裁剪、等距和投影等;实体与特征造型包括常见三维实体(如长方体、球体与椭球体、圆环体等)的参数化设计、各种扫描实体的参数化设计、各种常见特征(如孔、型腔等)的参数化设计、自定义特征设计、NC加工特征单元生成,以及实体之间的布尔运算(并、交、差)等。

对于单个零件的 CAD/CAM 集成数控编程系统,不一定要求有装配功能。但对于型腔模具 CAD/CAM 集成数控编程系统来说,型腔和型芯的自动生成具有十分重要的意义。

(2)二维工程图自动生成

在三维几何造型设计的基础上,自动生成二维工程图,并具有标注尺寸的功能。对于单一功能的数控编程系统,二维工程图功能不一定非有不可。

(3)数控加工编程

一个典型的 CAD/CAM 集成化软件系统,其数控加工编程模块一般应具备以下功能:

1)编程功能:如点位、轮廓、平面区域、曲面区域、约束面/线的控制加工等编程功能。

2)刀具轨迹计算方法:如常见的参数线法、截平面法和投影法等。

3)刀具轨迹编辑功能:包括诸如轨迹的快速图形显示,轨迹的编辑与修改,轨迹的几何变换,轨迹的优化编排,轨迹的读入与存储。

4)刀具轨迹的验证功能:轨迹的快速或实时显示,截面法验证,动态图形显示等。

(4)后置处理

由于各种机床使用的控制系统不同,所用的数控指令文件的代码及格式也有所不同,为解决这个问题,CAD/CAM 软件的 CAM 部分一般由加工刀具路径文件的生成和机床数控代码指令集的生成两部分组成,并设置有专门的后置处理文件。编程时,先根据加工对象的结构形状和加工工艺要求生成描述加工过程的刀具路径文件,然后利用后置处理文件读取所生成的刀具路径文件,从中提取相关的加工信息,并根据指定数控机床的特点及 NC 程序格式要求进行相应的分析、判断和处理,生成数控机床所能直接识别的 NC 程序。

8.2.3 CAD/CAM 软件系统编程的基本步骤

目前,国内外 CAD/CAM 编程软件的种类很多,其软件功能、面向用户的接口方式有所不同,所以编程的具体过程及编程过程中所使用的指令也不尽相同。但从总体上讲,其编程的基本方法是一致的,编程步骤如下:

(1)熟悉系统的功能与使用方法

在使用一个 CAD/CAM 集成软件系统进行零件数控加工编程之前,应对该系统的功能及使用方法有一个比较全面的了解。

1)了解系统的功能框架

对于 CAD/CAM 集成软件系统,首先应了解其总体功能框架,包括造型设计、二维工程绘图、装配、模具设计、制造等功能模块,以及每一个功能模块所包含的内容,特别应关注造型设计中的草图设计、曲面设计、实体造型以及特征造型的功能,因为这些是数控加工编程的基础。

2)了解系统的数控加工编程能力

一个系统的数控编程能力是至关重要的,主要体现在以下几方面:

①适用范围:车削、铣削、线切割(EDM)等。

②可编程的坐标数:点位、二坐标、三坐标、四坐标以及五坐标。

③可编程的对象:多坐标点位加工编程、表面区域加工编程(是否具备多曲面区域的加工编程)、轮廓加工编程、曲面交线及过渡区域加工编程、型腔加工编程、曲面通道加工编程等。

④是否具备刀具轨迹的编辑功能,有哪些编辑手段,如刀具轨迹变换、裁剪、修正、删除、转置、匀化(刀位点加密、浓缩和筛选)、分割及连接等。

⑤是否具备刀具轨迹验证的能力,有哪些验证手段,如刀具轨迹仿真、刀具运动过程仿真、加工过程模拟、截面法验证等。

3)熟悉系统的界面和使用方法

通过系统提供的手册、例子或教程,熟悉系统的操作界面和风格,掌握系统的使用方法。

4)了解系统的文件管理方式

对于一个零件的数控加工编程,最终要得到的是能在指定的数控机床上完成该零件加工的正确的数控程序,该程序是以文件形式存在的。在实际编程时,往往还要构造一些中间文件,如零件模型(或加工单元)文件、工作过程文件(日志文件)、几何元素(曲线、曲面)的数据文件、刀具文件、刀位原文件、机床数据文件等。在使用之前应该熟悉系统对这些文件的管理方式以及它们之间的关系。

(2)**分析加工零件**

当拿到待加工零件的零件图样或工艺图样时,首先应当对零件图样进行仔细的分析,这部分内容详见第 3 章。

(3)**对待加工表面及其约束面进行几何造型**

对于 CAD/CAM 集成软件系统来说,几何造型就是利用三维造型 CAD 软件或 CAM 软件的三维造型、编辑修改、曲线曲面造型功能把要加工的工件的三维几何模型构造出来,并将零件被加工部位的几何图形准确地绘制在计算机屏幕上。与此同时,在计算机内自动形成零件三维几何模型数据库。这些三维几何模型数据是下一步刀具轨迹计算的依据。自动编程过程中,CAD/CAM 软件将根据加工要求提取这些数据,进行分析判断和必要的数学处理,形成加工的刀具位置数据。

(4)**确定加工方案**

选择合理的加工方案以及工艺参数是准确、高效加工的前提条件。加工工艺方案内容包括选择切削加工方式、定义毛坯尺寸和边界、选择刀具、确定工艺参数等。CAM 系统一般均可为粗加工、半精加工、精加工各个阶段提供多种切削加工方式、刀具和工艺参数选择。用户也可自行定义刀具和加工参数。

(5)**刀具轨迹生成及刀具轨迹编辑**

对于 CAD/CAM 集成软件系统来说,一般可在所定义加工表面及其约束面(或加工单元)上确定其外法向矢量方向,并选择一种走刀方式,根据所选择(或定义)的刀具和加工参数,自动生成所需的刀具轨迹。所要求的加工参数包括:安全平面、主轴转速、进给速度、线性逼近误差、刀具轨迹间的残留高度、切削深度、加工余量、进刀/退刀方式等。当然,对于某一加工方式来说,可能只要求其中的部分加工参数。一般来说,数控编程系统对所要求的加工参数都有一个缺省值。

刀具轨迹生成以后,如果系统具备刀具轨迹显示及交互编辑功能,则可以将刀具轨迹显示出来,如果有不太合适的地方,可以在人工交互方式下对刀具轨迹进行适当的编辑与修改。刀具轨迹计算的结果存放在刀位原文件中。

（6）刀具轨迹验证

如果系统具有刀具轨迹验证功能,对可能过切、干涉与碰撞的刀位点,采用系统提供的刀具轨迹验证手段进行检验。值得说明的是,对于非动态图形仿真验证,由于刀具轨迹验证需大量应用曲面求交算法,计算时间比较长,最好是在批处理方式下进行,检验结果存放在刀具轨迹验证文件之中,供分析和图形显示用。

（7）后置处理

根据所选用的数控系统,调用其机床数据文件,运行系统提供的后置处理程序,将刀位原文件转换成数控加工程序。

（8）程序输出

CAD/CAM 编程软件在计算机内自动生成刀位轨迹图形文件和数控程序文件后,可采用打印机打印数控加工程序单;也可在绘图机上绘制出刀位轨迹图,使机床操作者更加直观地了解加工的走刀过程;还可使用磁盘存储加工程序,由机床控制系统读入;对于有标准通信接口的机床控制系统可以和计算机直接联机,由计算机将加工程序直接传送给机床控制系统。

8.2.4 常用的集成化 CAD/CAM 软件简介

（1）CAXA 制造工程师

CAXA 制造工程师是由我国北京北航海尔软件有限公司研制开发的全中文、面向制造业、具有三维复杂型面设计和加工的 CAD/CAM 软件。它基于微机平台,采用原创 Windows 菜单和互交方式,全中文界面,便于轻松的学习和操作。它全面支持图标菜单、工具条、快捷键,用户还可以自由创建符合自己习惯的操作环境。它既具有线框造型、曲面造型和实体造型的设计功能,又具有生成二至五轴的加工代码的数控加工功能,可用于加工具有复杂三维曲面的零件。其特点是易学易用、价格较低,在国内众多企业和研究院所得到应用。

（2）Unigraphics（UG）

UG 由美国 UGS（Unigraphics Solutions）公司开发经销,不仅具有复杂造型和数控加工功能,还具有管理复杂产品装配,进行多种设计方案的对比分析和优化等功能。该软件具有良好的二次开发环境和数据交换能力,其庞大的模块群为企业提供了从产品设计、产品分析、加工装配、检验,到过程管理、虚拟运作等全系列的技术支持。

UG 最早应用于美国麦道飞机公司。它是从二维绘图、数控加工编程、曲面造型等功能发展起来的软件。20 世纪 90 年代初,美国通用汽车公司选中 UG 作为全公司的 CAD/CAE/CAM/CIM 主导系统,这进一步推动了 UG 的发展。1997 年 10 月,Unigraphics-Solutions 公司与 Intergraph 公司签约,合并了后者的机械 CAD 产品,将微机版的 SOLIDEDGE 软件统一到 Parasolid 平台上。由此形成了一个从低端到高端的较完善的企业级 CAD/CAE/CAM/PDM 集成系统。

一般认为,UGII 是业界中最好、最具代表性的 CAD/CAM 软件。其最具特色的是功能强大的刀具轨迹生成方法,包括车削、铣削、线切割等完善的加工方法。UGII 主要功能包括：

1）车削加工编程;

2）型芯和型腔铣削加工编程;

3）固定轴铣削加工编程;

4）清根切削加工编程;

5）可变轴铣削加工编程；

6）顺序铣削加工编程；

7）线切割加工编程；

8）刀具轨迹编辑；

9）刀具轨迹干涉处理；

10）刀具轨迹验证、切削加工过程仿真与机床仿真；

11）通用后置处理。

（3）Pro/Engineer

Pro/Engineer 是美国参数技术公司（Parametric Technology Corporation）研制和开发的软件，它开创了三维 CAD/CAM 参数化的先河。该软件具有基于特征、全参数、全相关和单一数据库的特点，可用于设计和加工复杂的零件。另外，它还具有零件装配、机构仿真、有限元分析、逆向工程、同步工程等功能。该软件也具有较好的二次开发环境和数据交换能力。

Pro/Engineer 系统的核心技术具有以下特点：

1）基于特征　将某些具有代表性的平面几何形状定义为特征，并将其所有尺寸存为可变参数，进而形成实体，以此为基础进行更为复杂的几何形体的构建。

2）全尺寸约束　将形状和尺寸结合起来考虑，通过尺寸约束实现对几何形状的控制。

3）尺寸驱动设计修改　通过编辑尺寸数值可以改变几何形状。

4）全数据相关　尺寸参数的修改导致其他模块中的相关尺寸得以更新。如果要修改零件的形状，只需修改零件上的相关尺寸即可。

Pro/Engineer 已广泛应用于模具、工业设计、汽车、航天、玩具等行业，并在国际 CAD/CAM/CAE 市场上占有较大的份额。

（4）I-DEAS

I-DEAS 是美国 SDRC 公司开发的 CAD/CAM 软件。该公司是国际上著名的机械 CAD/CAE/CAM 公司，在全球范围享有盛誉，国外许多著名公司，如波音、索尼、三星、现代、福特等公司均是 SDRC 公司的大客户和合作伙伴。

I-DEAS 是高度集成化的 CAD/CAE/CAM 软件系统，它帮助工程师以极高的效率，在单一数字模型中完成从产品设计、仿真分析、测试直至数控加工的产品研发全过程。I-DEAS 是全世界制造业用户广泛应用的大型 CAD/CAE/CAM 软件。

I-DEAS 在 CAD/CAE 一体化技术方面一直雄居世界榜首，软件内含诸如结构分析、热力分析、优化设计、耐久性分析等真正提高产品性能的高级分析功能。

SDRC 也是全球最大的专业 CAM 软件生产厂商之一，I-DEAS CAMAND 可以方便地仿真刀具及机床的运动，可以从简单的 2 轴、2.5 轴加工到以 7 轴 5 联动方式来加工极为复杂的工件表面，并可以对数控加工过程进行自动控制和优化。

（5）Solid Works 与 CAM Works

Solid Works 是生信国际有限公司推出的基于 Windows 的机械设计软件。生信公司是一家专业化的信息高速技术服务公司，在信息技术方面一直保持与国际 CAD/CAE/CAM/PDM 市场同步。该公司提倡的"基于 Windows 的 CAD/CAE/CAM/PDM 桌面集成系统"是以 Windows 为平台，以 Solid Works 为核心的各种应用的集成，包括结构分析、运动分析、工程数据管理和数控加工等。

Solid Works 是基于 Windows 平台的全参数化特征造型软件,它可以十分方便地实现复杂的三维零件实体造型、复杂装配和生成工程图。图形界面友好,用户上手快。该软件可以应用于以规则几何形体为主的机械产品设计及生产准备工作中,其价位适中。

CAM Works 是集成于 Solid Works 中的数控加工系统,可以支持多轴的数控铣削、车削、线切割、激光成型、水喷等加工方式,并支持主要的 CAD/CAM/NC 标准数据格式。广泛应用于二维和三维的机械设计、模具设计、样机设计、图案设计以及逆向工程。

(6)MasterCAM

MasterCAM 是美国 CNC 公司的产品,它是一个基于 PC 的 CAD/CAM 集成系统。它具有很强的加工功能,尤其在对复杂曲面自动生成加工代码方面,具有独到的优势。由于 Master-CAM 主要针对数控加工,对硬件的要求不高,操作灵活、易学易用且价格较低,受到中小企业的欢迎。该软件被认为是一个非常好的图形交互式 CAM 数控编程系统。

MasterCAM 数控加工编程能力较强,其功能有:

1)点位加工编程;

2)二维轮廓加工编程;

3)二维型腔加工编程;

4)三维曲线加工编程;

5)三维曲面加工编程;

6)参数线法加工编程;

7)截平面法加工编程;

8)投影法加工编程;

9)刀具轨迹编辑;

10)刀具轨迹干涉处理功能;

11)多曲面组合编程,包括曲面交线及曲面间过渡区域编程;

12)刀具轨迹验证与切削加工过程仿真;

13)整个系统不同模块之间采用文件传输数据,具有 IGES 标准接口;

14)通用后置处理功能。

(7)CATIA

CATIA 是最早实现曲面造型的软件,它开创了三维设计的新时代,它的出现,首次实现了计算机完整描述产品零件的主要信息,使 CAM 技术的开发有了现实的基础。目前 CATIA 系统已发展成从产品设计、产品分析、加工、装配和检验,到过程管理、虚拟运作等众多功能的大型 CAD/CAM/CAE 软件。

(8)CIMATRON

CIMATRON 是以色列 Cimatron 公司提供的 CAD/CAM/CAE 软件,是较早在微机平台上实现三维 CAD/CAM 的全功能系统。它具有三维造型、生成工程图、数控加工等功能,具有各种通用和专用的数据接口及产品数据管理(PDM)等功能。该软件较早在我国得到全面汉化,已积累了一定的应用经验。

8.3　CAXA 制造工程师

8.3.1　CAXA 软件基本操作

（1）界面

CAXA 制造工程师数控铣的基本应用界面如图 8.3 所示。和其他 Windows 风格的软件一样,各种应用功能通过菜单和工具条驱动;状态条指导用户进行操作并提示当前状态和所处位置;状态树记录了操作历史和相互关系;功能区显示各种操作的结果;同时,功能区和状态树为用户实现功能提供数据的交互。用户还可以根据操作习惯自行定义界面。

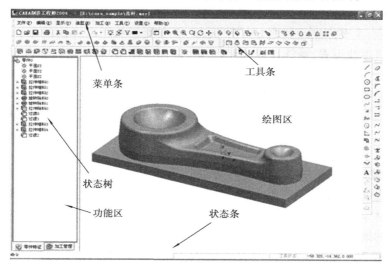

图 8.3　CAXA 制造工程师基本界面

CAXA 采用菜单驱动、工具条驱动和热键驱动相结合的方式,以用户对 CAXA 运用的熟练程度,用户可以选择不同的命令驱动方式。其中工具条中的每一个图标都对应一个菜单命令,点图标和点菜单是一样的。

（2）主菜单命令

菜单条包含系统所有功能项,基本功能分类如下:

1）文件模块　它主要对系统的文件进行管理,包括新建、打开、关闭（关闭当前的文件）、保存、另存为、数据输入、数据输出、退出等。

2）编辑模块　它主要对已选的对象进行编辑,包括撤销、恢复、剪切、复制、粘贴、删除、元素不可见、元素可见、元素颜色修改、元素层修改等。

3）应用模块　它是最重要的模块,CAXA 中各种曲线生成、曲面生成、特征生成、线面编辑、后置处理、轨迹生成、轨迹编辑、几何变换等功能项都在其中。

①曲线生成包括:直线、圆、圆弧、样条、点、公式曲线、多边形、二次曲线、椭圆、等距线、曲面相关线和曲线投影等;

②曲面生成包括：直纹面、旋转面、扫描面、边界面、放样面、网格面、导动面、等距面、平面和实体表面等；

③特征生成包括：增料（拉伸、旋转、放样、导动、加厚曲面）、减料（拉伸、旋转、放样、导动、加厚曲面）、曲面裁剪、过渡、倒角、孔、拔模、抽壳、线性阵列、环形阵列和特征删除等；

④轨迹生成：刀具库管理、平面轮廓加工、平面区域加工、参数线加工、限制线加工、曲面轮廓加工、曲面区域加工、投影加工、曲线加工、粗加工、钻孔、等高线加工和轨迹生成批处理等；

⑤后置处理包括：后置设置、生成 G 代码和校核 G 代码；

⑥线面编辑包括：曲线裁剪、曲线过渡、曲线打折、曲线组合、曲线拉伸、曲面裁剪、曲面过渡、曲面缝合、曲面拼接和曲面延伸等；

⑦轨迹编辑包括：刀位裁剪、刀位反向、插入刀位、删除刀位、两点间抬刀、清除抬刀、轨迹打断、轨迹连接、参数修改和轨迹仿真等；

⑧几何变换包括：平移、平面旋转、旋转、平面镜像、镜像、阵列和缩放等。

4）设置模块　主要用来设置当前工作状态、拾取状态和用户界面的布局，它包括当前颜色及层设置、拾取过滤设置、系统设置、绘制草图、曲面真实感、特征窗口和自定义。

5）工具模块

①坐标系：创建坐标系、激活坐标系、删除坐标系、隐藏坐标系、显示所有坐标系；

②显示工具：旋转、平移、放大、全局、远近、真实感显示、线架显示、消隐显示、视向定位、全屏显示。

（3）**工具条**

CAXA 为比较熟练的用户提供了工具条命令驱动方式，把用户经常使用的功能分类组成工具组，放在显眼的地方以备用户方便使用。如图 8.4 所示，它包括标准栏、草图绘制栏、显示栏、曲线栏、特征栏、曲面栏和线面编辑栏。同时，用户还可以把自己经常使用的功能编辑成组，放在最适当的地方。

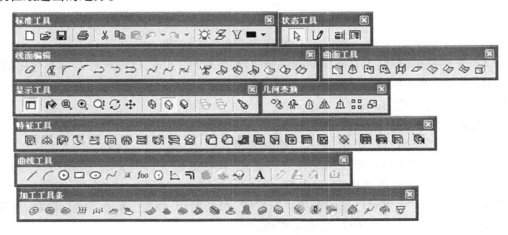

图 8.4　CAXA 制造工程师工具条

（4）**数据接口**

CAXA 的接口是指与其他 CAD/CAM 文档和规范的衔接能力。CAXA 充分考虑数据的冗长度，不同数据的轻重缓急，优化成特有的 MXE 文件，同时对 CAXA 老版本无限兼容。CAXA

接口能力非常出色,不仅可以直接打开 X_T 和 X_B 文件(Parasolid 的实体数据文件)、SAT 文件(ACIS 的实体数据文件),而且可以输入 DXF 数据文件、IGS 数据文件、DAT 数据文件(自定义数据文本文件格式)为 CAXA 使用,也可以输出 DXF、IGS、X_T、X_B、SAT、WRL、EXB 为其他应用软件使用,还可以进行 Internet 的浏览和数据传输。

8.3.2　CAXA 制造工程师编程基本方法

(1)建立加工模型

用 CAXA 软件进行零件加工造型的方法可分为以下三类:

1)线框造型

线框造型实际就是先绘制曲线,再对曲线进行编辑和修改以及进行空间几何变换,从而完成加工造型。

曲线绘制包括绘制直线、圆弧、圆、椭圆、样条线、点、文字、公式曲线、多边形、二次曲线、等距线、草图、曲线投影和相关线等。除草图、曲线投影和相关线外,其他曲线的绘制方法与 CAXA 二维电子图板大致相同。对曲线进行编辑则包括曲线剪裁、曲线拉伸、曲线组合、曲线打断和曲线过渡等功能,其用法也与 CAXA 二维电子图板基本相同。

几何变换对于编辑图形和曲面有着极为重要的作用,可以极大地方便绘制图形。几何变换共有七种功能:平移、平面旋转、旋转、平面镜像、镜像、阵列和缩放。几何变换对实体造型无效。

2)曲面造型

CAXA 制造工程师提供了丰富的曲面造型手段,构造完决定曲面形状的关键线框后,就可以在线框基础上,选用各种曲面的生成和编辑方法,在线框上构造所需定义的曲面来描述零件的外表面。曲面形状的关键线框主要取决于曲面特征线。

曲面特征线的定义:曲面特征线是指曲面的边界线和曲面的截面线(也称剖面线,为曲面与各种平面的交线)。

曲面生成方式:根据曲面特征线的不同组合方式,可以组织不同的曲面生成方式。曲面生成方式共有直纹面、旋转面、扫描面、边界面、放样面、网格面、导动面、等距面、平面和实体表面十种。

3)实体造型

实体造型又称特征造型,是零件设计模块的重要组成部分。CAXA 制造工程师采用精确的特征实体造型技术,使设计过程直观、简单、准确。

通常的特征包括孔、槽、型腔、点、凸台、圆柱体、块、锥体、球体、管子等等,CAXA 制造工程师可以方便地建立和管理这些特征信息。

实体造型一般先要在一个平面上绘制二维图形,然后再运用各种方式生成三维实体。

(2)确定加工工艺

1)刀具设定

CAXA 的刀具设定是由其"刀具库管理"功能实现的,用来定义、确定刀具的有关数据,以便用户从刀具库中获取刀具信息和对刀具库进行维护。

在"应用"菜单区中"轨迹生成"子菜单选取"刀具管理"菜单项,计算机弹出刀具库管理对话框(见图 8.31),用户可按自己的需要添加新的刀具,对已有刀具的参数进行修改或更换使用的当前刀具等。

2）加工方式选择

CAXA 的刀具轨迹生成模块中可以提供如下一些加工方式：平面轮廓加工、平面区域加工、参数线加工、限制线加工、曲面轮廓加工、曲面区域加工、投影加工、曲线加工、等高粗加工、等高精加工、钻孔、轨迹生成批处理等。用户可根据被加工零件的形状、尺寸和加工要求选择合适的加工方式。

3）工艺参数设置

在加工轨迹生成过程中，需要设置一些通用的工艺参数，如刀具参数、机床参数、进退刀参数、下刀参数、清根参数等。机床控制参数即切削用量的参数有：主轴转速、切削速度、接近速度、退刀速度、行间连接速度等。清根参数中，如果选择轮廓清根，区域加工完后，刀具对轮廓进行清根加工；如果选择岛清根，区域加工完后，刀具对岛进行清根加工。做清根加工时，还可选择清根轨迹的进退刀方式。

（3）刀具轨迹生成、仿真、编辑

在计算机上建立好工件图形，设置好刀具，选择好加工方式，确定了加工工艺参数之后，CAXA 软件可以自动生成刀位轨迹。

CAXA 软件提供多种刀具轨迹仿真手段。仿真方式分为实时仿真和快速仿真两种方式，实时仿真可实时观察到刀具走刀的路线和仿真的中间结果，快速仿真用户看不到刀具加工的过程，而是经过计算后直接给出仿真的最后结果。

刀具轨迹编辑是对已生成的刀具轨迹的刀位行或刀位点进行增加、删减等，CAXA 提供包括刀位裁剪、刀位反向、插入刀位、删除刀位、清根抬刀、轨迹打断、轨迹连接、两点间抬刀、轨迹仿真（线框连续、线框手动和真实感仿真）等刀具轨迹编辑手段。可对生成的刀位轨迹进行编辑。

（4）后置处理

CAXA 的后置处理模块包括后置设置、生成 G 代码、校核 G 代码等功能。后置设置功能则包括两方面的功能：增加机床和后置处理设置。图 8.33、图 8.34 是后置处理设置操作菜单。

机床配置给用户提供了一种灵活方便的设置系统配置的方法，对不同的机床进行适当的配置，具有重要的实际意义。通过设置系统配置参数，后置处理所生成的数控程序可以直接输入数控机床或加工中心进行加工，而无需进行修改。如果已有的机床类型中没有所需的机床，可增加新的机床类型以满足使用需求，并可对新增的机床进行设置。机床配置主要设置两方面的参数：一是机床控制参数，主轴转速及方向，插补方法，刀具补偿，冷却控制，程序启停以及程序首尾控制符等；二是程序格式参数，程序说明，换刀格式，程序行控制等内容。

8.3.3　编程实例

（1）铣削加工编程

如图 8.5 所示形状的连杆，其造型与加工编程的过程如下：

1）连杆件的实体造型

根据图 8.5 可以分析出连杆主要包括底部的托板、基本拉伸体、两个凸台、凸台上的凹坑和基本拉伸体上表面的凹坑。底部的托板、基本拉伸体和两个凸台可通过拉伸草图来得到；凸台上的凹坑可使用旋转除料来生成；基本拉伸体上表面的凹坑先使用等距实体边界线得到草

图轮廓,然后使用带有拔模斜度的拉伸减料来生成。其操作步骤如下:

①作基本拉伸体的草图

A. 单击零件特征树的"平面 XOY",选择 XOY 面为绘图基准面。

B. 单击"绘制草图"按钮，进入草图绘制状态。

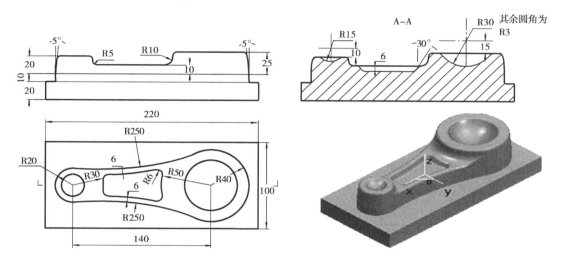

图 8.5　连杆造型的三视图

C. 绘制整圆:单击曲线生成工具栏上的"整圆"按钮，在立即菜单中选择作圆方式为"圆心_半径",按 Enter 键,在弹出的对话框中先后输入圆心(70,0,0),半径 R = 20 并确认,然后单击鼠标右键结束该圆的绘制。同样方法输入圆心(- 70,0,0),半径 R = 40 绘制另一圆,并连续单击鼠标右键两次退出圆的绘制。结果如图 8.6 所示。

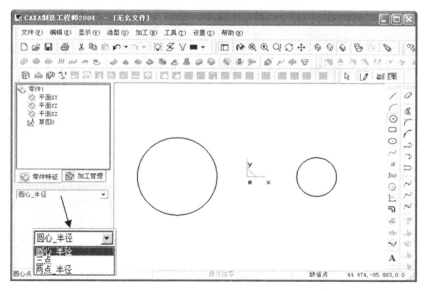

图 8.6　绘制整圆

D. 绘制相切圆弧：单击曲线生成工具栏上的"圆弧"按钮 ⊕，在特征树下的立即菜单中选择画圆弧方式为"两点_半径"，然后按回车键，在弹出的点工具菜单中选择【切点】命令，拾取两圆上方的任意位置，按 Enter 键，输入半径 R = 250 并确认完成第一条相切线。接着拾取两圆下方的任意位置，同样输入半径 R = 250。结果如图 8.7 所示。

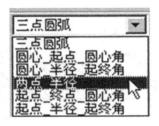
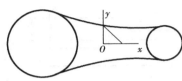

图 8.7　绘制相切圆弧

E. 裁剪多余的线段：单击线面编辑工具栏上的"曲线裁剪"按钮 ，在默认立即菜单选项下，拾取需要裁剪的圆弧上的线段，结果如图 8.8 所示。

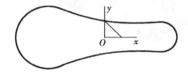
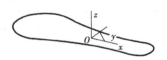

图 8.8　裁剪多余线段

图 8.9　草图轴测图

F. 退出草图状态：单击"绘制草图"按钮 ，退出草图绘制状态。按 F8 观察草图轴测图，结果如图 8.9 所示。

②利用拉伸增料生成拉伸体

A. 单击特征工具栏上的"拉伸增料"按钮 ，在对话框中输入深度 = 10，选中"增加拔模斜度"复选框，输入拔模角度 = 5 度，并确定。结果如图 8.10 所示。

图 8.10　生成拉伸体

B. 拉伸小凸台：单击基本拉伸体的上表面，选择该上表面为绘图基准面，然后单击"绘制草图"按钮 ，进入草图绘制状态。单击"整圆"按钮 ⊕，按空格键选择【圆心】命令，单击上表面小圆的边，拾取到小圆的圆心，再次按空格键选择【端点】命令，单击上表面小圆的边，拾取到小圆的端点，单击右键完成草图的绘制。单击"绘制草图"按钮 ，退出草图状态。然后单击"拉伸增料"按钮 ，在对话框中输入深度 =10，选中"增加拔模斜度"复选框，输入拔模角度 =5 度，并确定。结果如图 8.11 所示。

图 8.11　拉伸小凸台

C. 拉伸大凸台：与绘制小凸台相同步骤，拾取上表面大圆的圆心和端点，完成大凸台草图的绘制。输入深度 =15，拔模角度 =5 度，生成大凸台，结果如图 8.12 所示。

图 8.12　拉伸大凸台

③利用旋转减料生成小凸台凹坑

A. 单击零件特征树的"平面 XOZ"，选择平面 XOZ 为绘图基准面，然后单击"绘制草图"按钮 ，进入草图绘制状态。

B. 单击"直线"按钮 ，按空格键选择【端点】命令，拾取小凸台上表面圆的端点为直线的第 1 点，按空格键选择【中点】命令，拾取小凸台上表面圆的中点为直线的第 2 点，作直线。

C. 单击曲线生成工具栏的"等距线"按钮 ，在立即菜单中输入距离 10，拾取已作直线，选择等距方向为向上，将其向上等距 10，得到圆心辅助直线，如图 8.13 所示。

图 8.13　作圆心辅助直线图

图 8.14　绘制用于旋转减料的圆

D. 绘制用于旋转减料的圆：单击"整圆"按钮 ，按空格键选择【中点】命令，单击上面的直线，拾取其中点为圆心，按 Enter 键输入半径 15，单击鼠标右键结束圆的绘制，如图 8.14 所示。

E. 删除和裁剪多余的线段：单击鼠标右键在弹出的菜单中选择【删除】命令，将多余直线删除。单击"曲线裁剪"按钮 ，裁剪掉圆心辅助直线的两端和圆的上半部分，如图 8.15 所示。

F. 绘制用于旋转轴的空间直线：单击"绘制草图"按钮 ，退出草图状态。单击"直线"按钮＼,按空格键选择【端点】命令,拾取半圆直径的两端,绘制与半圆直径完全重合的空间直线,如图 8.16 所示。

图 8.15　删除、裁剪,形成封闭草图轮廓

图 8.16　绘制旋转轴线

G.单击特征工具栏的"旋转除料"  按钮,拾取半圆草图和作为旋转轴的空间直线,并确定,然后删除空间直线,结果如图 8.17 所示。

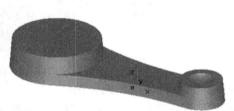

图 8.17　生成小凸台凹坑

④利用旋转减料生成大凸台凹坑

与生成小凸台上凹坑完全相同的方法,绘制大凸台上旋转除料的半圆和空间直线。具体参数:直线等距的距离为 15,圆的半径 R=30。结果如图 8.18 所示。然后生成大凸台凹坑,如图 8.19 所示。

图 8.18　绘制旋转除料草图和空间直线

图 8.19　生成大凸台凹坑

⑤利用拉伸减料生成基本体上表面的凹坑

A.单击基本拉伸体的上表面,选择拉伸体上表面为绘图基准面,然后单击"绘制草图"按钮 ,进入草图状态。

B.单击曲线生成工具栏的"相关线"按钮 ＼,选择立即菜单中的"实体边界",拾取如图8.20 所示的四条边界线。

C.生成等距线:单击"等距线"按钮 ，以等距距离 10 和 6 分别作刚生成的边界线的等距线,如图 8.21 所示。

D.曲线过渡:单击线面编辑工具栏的"曲线过渡"按钮 ，在立即菜单处输入半径 6,对

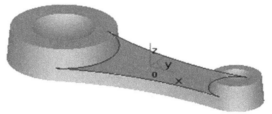

图 8.20　生成实体边界线

等距生成的曲线作过渡,结果如图 8.22 所示。

E. 删除多余的线段:单击线面编辑工具栏的"删除"按钮 ,拾取四条边界线,然后单击鼠标右键将各边界线删除,结果如图 8.23 所示。

图 8.21　用等距线方式生成草图轮廓　　图 8.22　草图轮廓过渡图　　图 8.23　删除多余的线段

F. 拉伸除料生成凹坑:单击"绘制草图"按钮 ,退出草图状态。单击特征工具栏的"拉伸除料"按钮 ,在对话框中设置深度为 6,角度为 30,结果如图 8.24 所示。

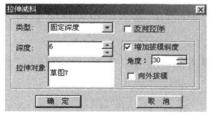

图 8.24　生成凹坑

⑥生成零件上表面的过渡棱边

A. 单击特征工具栏的"过渡"按钮 ,在对话框中输入半径为 10,拾取大凸台和基本拉伸体的交线,并确定,结果如图 8.25 所示。

图 8.25　生成大凸台过渡棱边

B. 单击"过渡"按钮 ,在对话框中输入半径为 5,拾取小凸台和基本拉伸体的交线,并确定。单击"过渡"按钮 ，在对话框中输入半径为3，拾取上表面的所有棱边并确定，结果如图8.26所示。

图8.26　生成小凸台过渡棱边

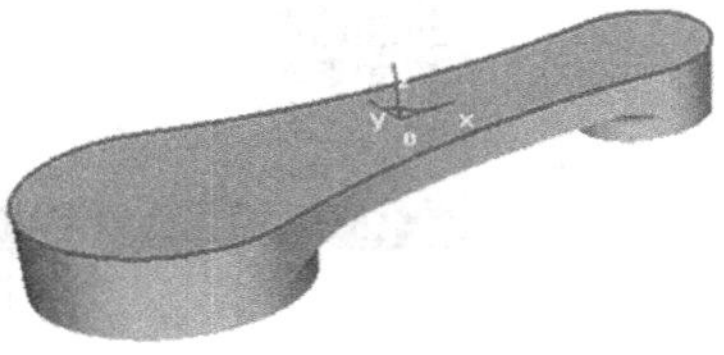

图8.27　用曲线投影方式，生成草图

⑦利用拉伸增料延伸基本体

A.单击基本拉伸体的下表面，选择该拉伸体下表面为绘图基准面，然后单击"绘制草图"按钮 ，进入草图状态。

B.单击曲线生成工具栏上的"曲线投影"按钮 ，拾取拉伸体下表面的所有边将其投影得到草图，如图8.27所示。

C.单击"绘制草图"按钮 ，退出草图状态。单击"拉伸增料"按钮 ，在对话框中输入深度10，取消"增加拔模斜度"复选框，并确定。结果如图8.28所示。

图8.28　延伸基本体

⑧利用拉伸增料生成连杆电极的托板

A.单击基本拉伸体的下表面和"绘制草图"按钮 ，进入以拉伸体下表面为基准面的草图状态。

B.按F5键切换显示平面为XOY面，然后单击曲线生成工具栏上的"矩形"按钮 ，绘制如图8.29所示大小的矩形。

C.单击"绘制草图"按钮 ，退出草图状态。单击"拉伸增料"按钮 ，在对话框中输入深度10，取消"增加拔模斜度"复选框，并确定。按F8键其轴测图如图8.30所示。

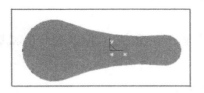

图8.29　绘制矩形

图8.30　完成连杆实体造型

2）加工前的准备工作

①设定加工刀具

A.单击【加工管理】状态树中的【刀具库】选项，弹出刀具库管理对话框，如图8.31所示。

B.增加铣刀：单击"增加刀具"按钮，在对话框中输入铣刀名称，如图8.32所示。一般都是以铣刀的直径和刀角半径来表示，刀具名称尽量和工厂中用刀的习惯一致。刀具名称一般表示形式为"D8，r4"，D代表刀具直径，r代表刀角半径。

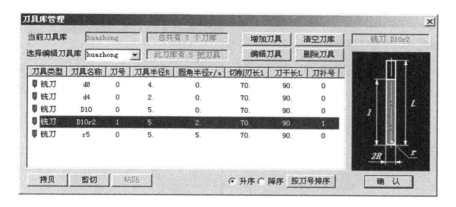

图 8.31　刀具库管理对话框

C. 设定增加的铣刀的参数:在刀具库管理对话框中键入正确的数值,刀具定义即可完成。其中的刀刃长度和刃杆长度与仿真有关而与实际加工无关,在实际加工中要正确选择吃刀量和吃刀深度,以免刀具损坏。

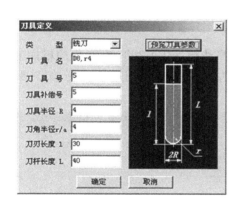

图 8.32　增加刀具对话框

图 8.33　后置处理对话框

②后置设置

用户可以增加当前使用的机床,给出机床名,定义适合自己机床的后置格式。系统默认的格式为 FANUC 0M 系统的格式。

A. 单击【加工管理】状态树中的【机床后置】选项或者选择【加工】—【后置处理】—【后置设置】命令,弹出后置设置对话框。

B. 增加机床设置:选择当前机床类型,如图 8.33 所示。

C. 后置处理设置:选择"后置处理设置"标签,根据当前的机床,设置各参数,如图 8.34 所示。

③设定加工毛坯

单击【加工管理】状态树中的【毛坯】选项,弹出定义毛坯对话框,选择毛坯定义方式为【参照模型】并单击【参照模型】按钮,完成加工毛坯的定义,如图 8.35 所示。

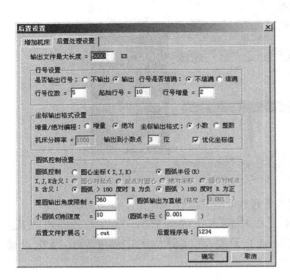

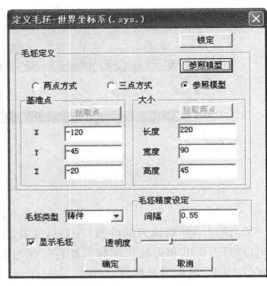

图 8.34　后置处理参数设置对话框　　　　图 8.35　设定加工毛坯范围

3）连杆件加工

连杆件电极的整体形状较为陡峭,整体加工选择等高线加工,粗、精加工采用等高线粗、精加工。对于凹坑的部分根据加工需要还可以应用**参数线精加工**方式进行局部加工。

①等高粗加工

A. 设置粗加工参数:选择【加工】—【粗加工】—【等高线粗加工】命令,在弹出的粗加工参数表中设置粗加工的参数, 如图 8.36 所示。根据使用的刀具,设置切削用量参数,如图 8.37 所示。

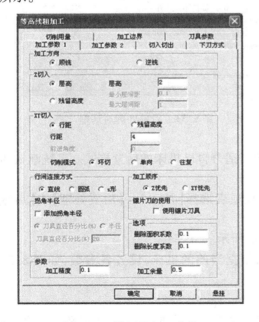

图 8.36　设置粗加工参数

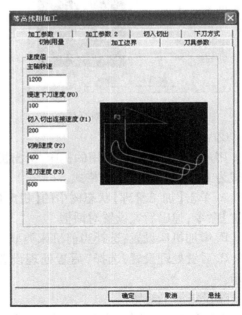

图 8.37　设置切削用量参数

　　B. 选择"切入切出方式"和"下刀方式"：设定切入切出方式为"不设定"和下刀切入方式为"垂直"，安全高度(80 mm)大于毛坯高度 20 ~ 30 mm，如图 8.38 所示。

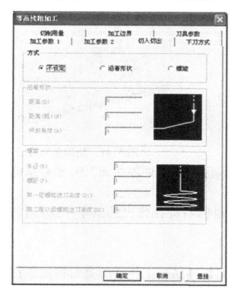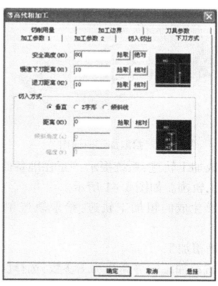

图 8.38　选择"切入切出方式"和"下刀方式"

　　C. "刀具参数"选项：选择在刀具库中已经定义好的铣刀 R4 球刀，并可再次设定和修改球刀的参数。选择"加工边界"选项标签，设置 Z 的高度与刀具相对边界的关系，此例不设定，如图 8.39 所示。

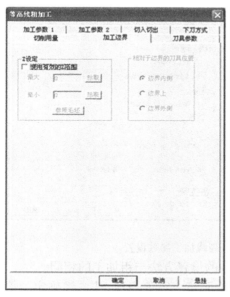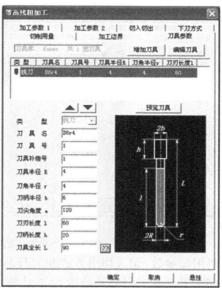

图 8.39　选择"加工边界"和"刀具参数"

　　D. 粗加工参数表设置好后，单击"确定"按钮，屏幕左下角状态栏提示"拾取加工对象"，选中整个实体表面，系统将拾取到的所有曲面变红，然后按鼠标右键结束，如图 8.40 所示。

E. 拾取加工曲面：系统提示：拾取加工边界，直接按鼠标右键结束，以毛坯的轮廓作为加工边界。

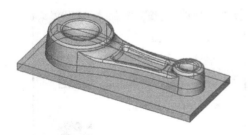

图 8.40　拾取加工曲面图

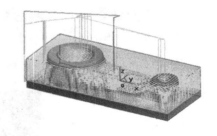

图 8.41　粗加工轨迹

F. 生成加工轨迹：系统提示："正在准备曲面请稍候"、"处理曲面"等，然后系统就会自动生成粗加工轨迹。如图 8.41 所示。

G. 隐藏生成的粗加工轨迹：拾取轨迹单击鼠标右键在弹出的菜单中选择【隐藏】命令即可。

②等高精加工

A. 设置精加工的等高线加工参数：选择【加工】—【精加工】—【等高线精加工】命令，在弹出加工参数表中设置精加工的参数，如图 8.42 所示，注意加工余量为"0"，对平坦部分实行往复式加工。

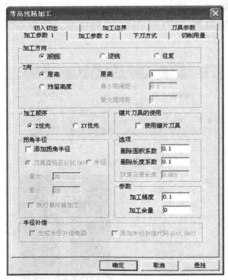
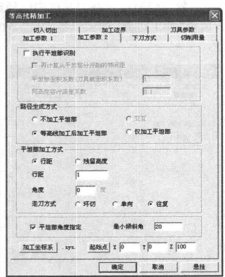

图 8.42　精加工的等高线加工参数设置

B. 切削用量参数、切入切出方式和刀具参数的设置方法与粗加工的相同。

C. 根据左下角状态栏提示拾取加工对象：拾取整个零件表面，按右键确定。拾取加工边界：直接按右键确定。系统开始计算刀具轨迹，然后生成精加工的轨迹，如图 8.43 所示。

D. 隐藏生成的精加工轨迹：拾取轨迹单击鼠标右键在弹出的菜单中选择【隐藏】命令即可。

③轨迹仿真、检验与修改

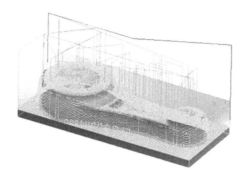

图 8.43　精加工轨迹

A. 选择【加工】—【轨迹仿真】,拾取粗加工刀具轨迹,按右键结束,调用轨迹编辑与仿真程序。轨迹编辑与仿真程序界面如图 8.44 所示。

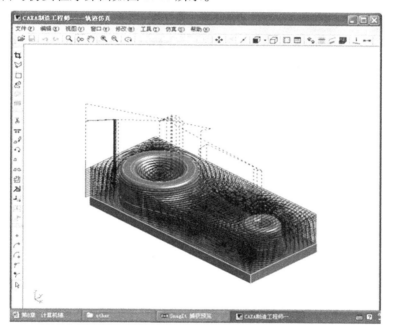

图 8.44　轨迹编辑与仿真程序界面

B. 选择【工具】—【仿真…】,弹出仿真加工对话框,主程序窗口显示毛坯及加工刀具,通过选择对话框中的不同运行方式按钮,可以实现不同的仿真显示方式:连续、单步、直接显示加工结果等。

如图 8.45 所示。单击按钮 ▶ ,可进行动态连续仿真,设定停止条件,可实现单步及多步断续仿真,单击按钮 ▶▶ ,可直接观察最终的结果。

C. 在仿真过程中,系统显示走刀速度。仿真结束后,单击按钮 ✔ ,可以与设计模型进行对比,如图 8.46 所示。

D. 选择文件:另存为 STL…,可以将粗加工仿真的结果保存为 STL 文件。

203

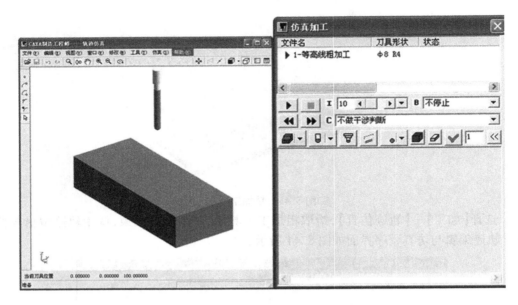

图 8.45　仿真程序主窗口及仿真对话框

图 8.46　仿真加工结果

E. 精加工仿真：退出仿真与编辑程序，【加工】—【轨迹仿真】命令，拾取精加工刀具轨迹，单击右键确认，与粗加工一样，调用仿真与编辑程序。再选择【工具】—【仿真…】，弹出仿真加工对话框，单击按钮 ，可进行毛坯设定，如图 8.47 所示。选择指定文件，将先前保存的"连杆件粗加工仿真"文件调入，即可在粗加工仿真结果的基础上进行精加工仿真。

F. 在仿真过程中，系统显示走刀速度。仿真结束后，选择文件，另存为 STL，存储精加工仿真的结果，如图 8.48 所示。

G. 仿真检验无误后，单击"文件"—"保存"，保存粗加工和精加工轨迹。

④生成 G 代码

A. 在前面已经做好了后置设置的基础上，选择【加工】—【后置处理】—【生成 G 代码】命令，弹出"选择后置文件"对话框，填写文件名"粗加工代码"，单击"保存"。

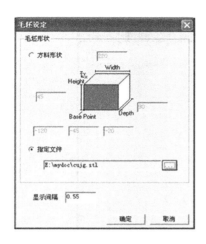

图 8.47　"毛坯设定"对话框

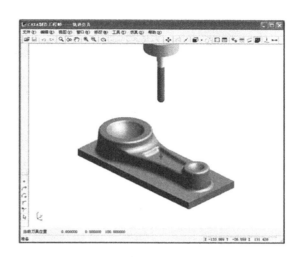

图 8.48　精加工仿真

B.拾取生成的粗加工的刀具轨迹,按右键确认,弹出粗加工 G 代码文件,保存即可,如图 8.49 所示。

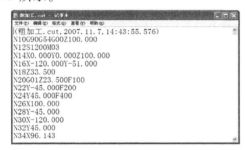

图 8.49　粗加工代码

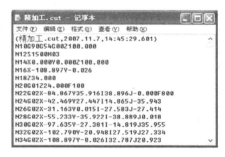

图 8.50　精加工代码

C.同样方法生成精加工 G 代码,如图 8.50 所示。

⑤生成加工工艺单

A.选择【加工】—【工艺清单】命令,弹出"工艺清单"对话框,如图 8.51 所示。单击指定目标文件的文件夹按钮,弹出目录选择对话框,如图 8.52 所示,指定文件夹并确定;单击"拾取轨迹",用鼠标选取或用窗口选取,选中全部刀具轨迹,点右键确认。

图 8.51　零件信息对话框

图 8.52　HTML 文件名对话框

B. 单击"生成清单",完成加工工艺清单生成过程。结果如图 8.53 所示。

图 8.53　加工工艺清单

其中的功能及刀具 HTML 文件如图 8.54 所示,加工路径及 NC 数据 HTML 文件如图 8.55 所示。

图 8.54　加工工艺参数清单

图 8.55　加工路径及 NC 数据

至此,连杆的造型、生成加工轨迹、加工轨迹仿真检查、生成 G 代码程序,生成加工工艺单的工作已经全部完成,在加工之前还可以通过 CAXA 制造工程师中的校核 G 代码功能,察看一下加工代码的轨迹形状,做到加工之前胸中有数。

（2）车削加工编程

如图 8.56 所示零件,毛坯直径为 Φ70,用 CAXA 软件编制加工程序。

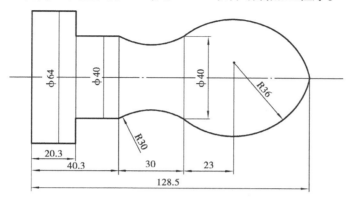

图 8.56　车削零件图

1）将工件图形计算机化（用 CAXA 电子图板）

绘制该工件图形的要点如下:

①利用 CAXA 电子图板的画轴/孔功能画出轴:Φ64 × 20、Φ40 × 20、Φ40 × 30。

②用“两点、半径”方式画 R30 圆弧,用智能点方式捕捉起点与终点。

③用“两点、半径”方式画 R35 圆弧,点（128.5,0）用键盘输入。

④可以利用图形的对称性,采用镜像的方法作出其余对称的圆弧,也可以直接按作图法画出对称的圆弧。

⑤画毛坯轮廓:可用画“轴/孔”方式或画矩形或画正交直线（长度方式）等方法。

在画工件图形时,一定要注意坐标原点应取在工件轴线的左端。当然可以画完以后平移图形,保证原点的正确性。

2）将图形数据转移到 CAXA 数控车中

先在 CAXA 电子图板中将所画工件图形以 DXF 格式输出（P1. DXF）,再在 CAXA 车床中以 DXF 格式读入（P1. DXF）。由于加工的对称性,需要对工件图形进行适当的处理,得到的数控车加工的工件轮廓与毛坯见图 8.57。

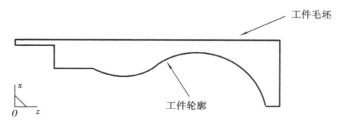

图 8.57　工件轮廓图与毛坯图

3）生成刀位轨迹

由于该工件较简单，只需分三个工步即可，依次为：粗车毛坯、精车轮廓、切断。其中切断可以用车槽工艺，生成刀位轨迹的过程大致相同，从略。图 8.58 为 CAXA 数控车中加工部分下拉菜单。各加工参数及刀具设置见图 8.59～图 8.65，粗车加工余量为 1 mm。若刀具后角太小，将会在坯料上留下一个加工死角，设置刀具时应注意与实际加工刀具一致。

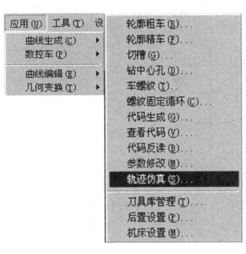

图 8.58　CAXA 数控车加工方式菜单

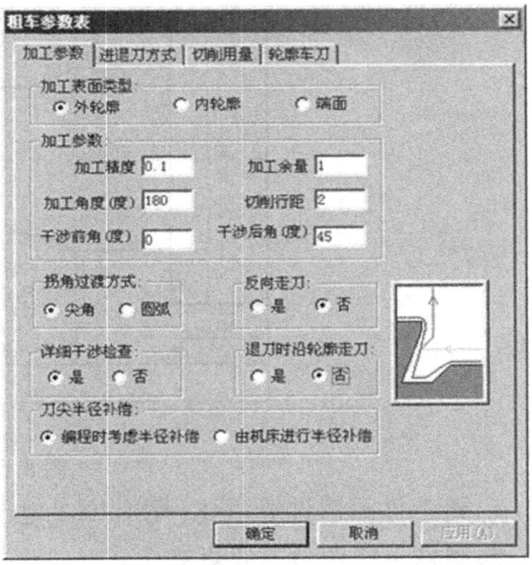

图 8.59　粗车加工参数设置

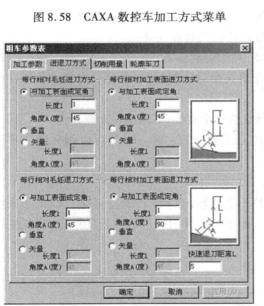

图 8.60　粗车进退刀方式设置

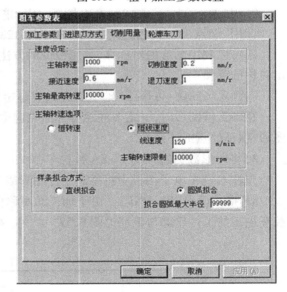

图 8.61　粗车切削用量设置

生成的粗车刀具轨迹如图 8.66 所示，精车每次进刀量 0.25 mm，生成的精车刀具轨迹如图 8.67 所示，工件的刀位轨迹如图 8.68 所示。

4）生成加工程序

机床设置如图 8.69 所示，后置处理设置如图 8.70 所示，即可生成如下加工程序：

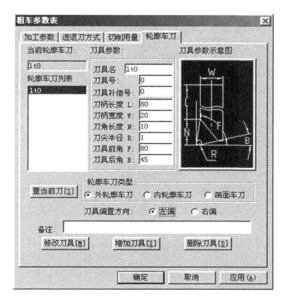

图 8.62　轮廓车刀参数设置

图 8.63　精车加工参数设置

图 8.64　切槽加工参数设置

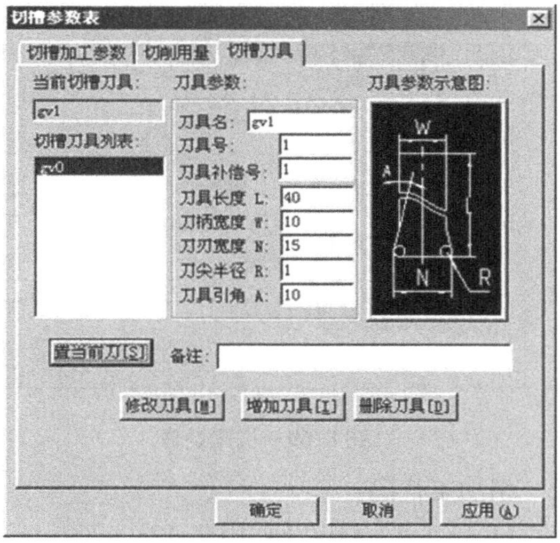

图 8.65　切槽车刀参数设置

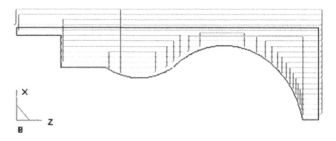

图 8.66　粗车轨迹

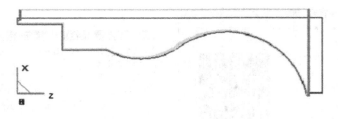

图 8.67　精车轨迹

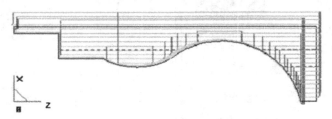

图 8.68　工件的刀位轨迹

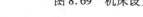

图 8.69　机床设置

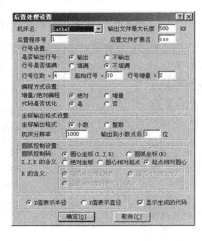

图 8.70　后置处理设置

粗加工代码：

（CAXA_EXAMPLE1. CUT,12/06/07,16:14:10）

N10 G90G54G00Y0.000T00

N12 S1000M03

N14 X41.707 Z136.877

N16 G50 S10000

N18 G96 S120

N20 G01 X36.707 F1

N22 X36.000 Z136.170

N24 Z－1.000 F0

N26 X36.707 Z－0.293 F1

N28 X41.707

N30 G00 Z136.877

N32 G01 X34.707 F1

N34 X34.000 Z136.170

N36 Z1.000 F0

N38 X35.000 F1

N40 X40.000

N42 G00 Z136.877

N44 G01 X32.707 F1

N46 X32.000 Z136.170

N48 Z21.000 F0

N50 X33.000 F1

N52 X38.000

N54 G00 Z136.877

N56 G01 X30.707 F1

N58 X30.000 Z136.170

N60 Z21.000 F0

N62 X31.000 F1

……

N290 G00 Z62.192

N292 G01 X18.707 F1

N294 X18.000 Z61.485

N296 Z46.515 F0

N298 X19.000 F1

N300 X41.707

N302 M05

N304 M30

精加工代码：

（CAXA_EXAMPLE2.CUT,12/06/07,16:15:05）

N10 G90G54G00Y0.000T00

N12 S1000M03

N14 X39.000 Z129.722

N16 G50 S10000

N18 G96 S120

N20 G01 X－1.165 F1

N22 X－0.625 Z128.880

N24 G03 X20.444 Z68.000 I8.068 K36.878 F0

N26 G02 X20.750 Z39.476 I－24.537 K14.000

N28 G01 Z20.750

N30 X32.750

N32 Z0.750

N34 X34.000

N36 Z1.750 F1

N38 X39.000

N40 G00 Z129.478

......

N112 G03 X19.825 Z68.427 I7.907 K36.145 F0

N114 G02 X20.000 Z39.270 I − 25.156 K14.427

N116 G01 Z20.000

N118 X32.000

N120 Z0.000

N122 X34.000

N124 Z1.000 F1

N126 X39.000

N128 M05

N130 M30

8.4 MasterCAM 软件

8.4.1 MasterCAM 软件的基本操作

（1）主界面

图 8.71 是 MasterCAM-Mill 9.0 的主界面。由标题栏、工具栏、主菜单区、次菜单区、工作区和系统提示区组成。标题栏在最上面,如果已经打开了一个文件,则在标题栏中还将显示该文件的路径及文件名。

工具栏位于标题栏下面,以简单的图标来表示每个工具的作用,单击图标按钮就可以启动对应 MasterCAM-Mill 软件功能。

主菜单区包含了 MasterCAM-Mill 软件的主要功能。次菜单在 MasterCAM-Mill 软件界面的左下部,用于设置当前构图深度、颜色、层、线、点的类型、群组、层标记、工具和构图平面以及图形视角等。这些设置将保留在当前的 MasterCAM-Mill 应用过程中,直到改变设置开始一个新的 MasterCAM-Mill 应用。

系统提示区用于显示信息或数据的输入,有时在主菜单区上方工具栏的下方也会显示提示信息。按下 Alt + P 组合键,可以显示或隐藏提示区。当隐藏提示区时,绘图区区域最大,但此时系统提示的信息将不会显示,只在要求输入数据时出现一个编辑区域。

工作区占据了屏幕的大部分空间,它是创建和修改几何模型及产生工具路径的区域。

（2）菜单功能

主菜单区功能见表 8.1,次菜单区功能见表 8.2。

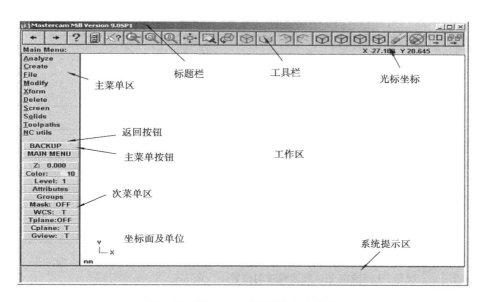

图 8.71　MasterCAM-Mill 9.0 主界面

表 8.1　主菜单区功能表

菜单项	功　能
Analyze	分析:可分析点、线、弧、曲线、曲面的特性和参数值
Create	绘图:绘制点、线、圆弧、圆角、倒角、曲线、椭圆、矩形、文字、尺寸标注、填充、注释;构建:举升、昆氏、直纹、旋转、扫描、拉伸、圆角、混成等曲面
File	文件:可查询目录、编辑、绘图文件的存取,图形文件的转换,NC 程序的传输
Modify	修改:修改图形,如打断、倒圆、倒角、修剪
X form	转换、编辑:可编辑屏幕上的图形,如镜像、平移、比例、缩放、补偿等
Delete	删除:删除图形
Screen	屏幕:改变绘图的颜色,改变绘图层显示所有图素的端点,改变屏幕显示的中心位置、缩放图形等
Solids	实体:用简单图素构建拉伸、旋转、扫描、举升、圆角、陡斜面、抽壳、简单实体如圆筒、圆锥、球体、方块等实体,可对实体进行编辑修剪
Tool Paths	刀具路径:制作刀具切削工件的路径,产生 NCI 后缀的刀具路径文件
NC Utils	管理:加工刀具路径的模拟,完成后置处理(可选择不同控制系统的 NC 程序格式),编辑刀具路径制作刀具路径的注释文件,完善和补充刀具库、材料库的内容
BACKUP	返回上层功能表
MAIN MENU	返回主菜单功能表

表 8.2　次菜单区功能表

菜单项	功　能
Z:0.0000	Z 轴坐标:z 轴的定义与构图面所在视图有关
Color:0	颜色:改变绘制图形的颜色
Level:1	层:可设定系统绘图的层
Groups	组:定义某部分实体为一个群组
Style/Width	类型/线宽:可设定构图类型和设定线型、线宽
Mask:OFF	限定层:当为 OFF 时,系统可识别任何一个层的图素,当仅需识别制定层的图素时,Mask 设为 ON 值
Tplane:OFF	刀具平面:选择刀具平面
Cplane:T	构建平面:选择构图平面
Gview:T	视角:选择或定义对图形观看的位置

(3)系统设置

在使用 MasterCAM-Mill 之前,用户可以对系统的一些属性进行预设置,在新建文件或打开文件时,MasterCAM-Mill 将按其默认配置来进行系统各属性的设置。在使用 MasterCAM-Mill 过程中也可以改变系统的默认设置,包括:几何图形在屏幕上的显示方式、几何对象的属性、图层、群组等的设置。

在主菜单中依次选择 Screen/Configure,弹出图 8.72 所示的系统配置对话框(System Configuration)。通过该对话框的各选项卡可对系统的默认配置分别进行设置。

图 8.72　系统设置对话框

8.4.2　MasterCAM 软件的基本编程方法

(1)建立加工模型

与 CAXA 软件一样,MasterCAM 软件也可用线框造型(二维线框造型、三维线框造型)、曲

214

面造型、实体造型来进行零件加工模型的建模。

1)线框造型

MasterCAM 软件提供多种绘图方式、对图素进行空间几何变换、对曲线进行编辑等方式来构建被加工零件的线框模型。

绘图方式包括绘制点、直线、圆弧、圆、椭圆、多边形、公式曲线、SPLINE 曲线、NURBS 曲线等。几何变换对于编辑图形和曲面有着极为重要的作用,可以极大地方便绘制图形。几何变换共有:平移、旋转、镜像、缩放、补正、牵引、缠绕等。对曲线进行编辑包括修剪、延伸、打断、连接、动态移位等功能。

2)曲面造型

MasterCAM 提供了丰富的曲面造型手段,灵活地使用 MasterCAM 三维曲面能精确地构建任何的表面。构建曲面首先要构建三维线框,然后用软件提供的各种曲面生成和编辑方法完成曲面形状的建模。

MasterCAM 提供如下曲面生成方式:举升曲面(LOFT)、孔斯曲面(COONS)、直纹曲面(RULED)、旋转曲面(REVOLVE)、牵引曲面(DRAFT)、扫描曲面(SWEEP)。对相同的三维线框采用不同的曲面生成方式,可得到不同的曲面。

3)实体造型

实体造型一般先要构建一个基本实体(如立方体、球体、圆柱体、圆锥体等),然后再运用各种编辑、修改功能对基本实体作变形处理得到符合图纸要求的零件三维实体。MasterCAM 可以用挤压轮廓外形、旋转曲线、扫描曲线、举升轮廓外形等基本曲面造型方法构建基本实体,还可以从外部的文件档案中引入基本实体。可以在基本实体上作剪切、倒圆、倒角、增加起模斜度等处理,还可挖空或对实体作抽壳处理,利用曲线或曲面分割实体,对实体表面再作牵引处理等。

(2)确定加工工艺

1)加工方式选择

针对工件不同的加工要求采用不同的加工方式。MasterCAM-Mill 有 5 种 2 轴铣削加工方式、7 种曲面粗加工方式、10 种曲面精加工方式。它将数控铣的加工分成二大组:二轴加工与曲面加工。

二轴加工包括:轮廓加工(Contour)、平面区域加工(挖槽 Pocketing)、钻孔(Drill,含镗孔、攻丝)、铣平面(Face)、整圆铣削(Circle)。

曲面加工则分成粗加工(Roughing)与精加工(Finishing)。粗加工的 7 种走刀方式是:平行走刀(Parallel)、径向走刀(Radial,放射状)、投影加工(Project)、参数线加工(Flowline)、等高线加工(Contour)、曲面区域加工(Pocket,挖槽)、插削下刀(Plunge);精加工的 10 种走刀方式是:平行走刀(Parallel)、陡斜面加工(Par. Steep)、径向走刀(Radial,放射状)投影加工(Project)、参数线加工(Flowline)、等高线加工(Contour)、浅面加工(Shallow),交线清角加工(Pencil)、残料清理(Leftover),环绕等距加工(Scallop)。曲面精加工的走刀方式基本上包括了粗加工的走刀方式,只是粗加工与精加工的一些工艺参数及其取值有所不同,同一种走刀方式的刀位轨迹是相同的。大多数曲面加工都需要粗加工和精加工共同完成其加工,而粗加工必须在精加工之前执行。

MasterCAM_Mill 还有 6 个线框模型(Wireframe)的加工方式,包括:直纹面加工(Ruled)、

旋转面加工（Revolution）、2D 扫掠加工（Swept 2D）、3D 扫掠加工（Swept 3D）、Coons 曲面加工、等距面加工（Loft）。由于线框加工仅能加工一些特殊的曲面，在实际加工中使用不多。

2）刀具设定

MasterCAM 的刀具设定也包括刀具类型的设定与刀具参数的设定。若从软件刀具库已有的刀具中选择一把刀具,其过程较简单。若刀具库中没有所需要的刀具,则用户需要自己定义一把刀具,具体应用见后面编程举例。

（3）生成加工轨迹

MasterCAM 生成刀位轨迹的过程与 CAXA 相似,但不完全相同。MasterCAM-Mill 生成刀位轨迹之前还必须先设置好工件,然后才能够选择各种加工方式,生成加工轨迹。

（4）后置处理设置

MasterCAM-Mill 的后置处理设置比较简单,在系统中已经为常用的数控系统编制了专用的后置处理程序。使用时,只需选择相对应的后置处理程序即可,具体应用见后面编程举例。

（5）NC 程序生成

MasterCAM-Mill 生成 NC 程序的过程与 CAXA 相近。当用 MasterCAM-Mill 编程时,先生成刀位轨迹,然后对刀位轨迹进行仿真,仿真结果满意之后就可以按要求设置好后置处理,最后生成 NC 程序。如果刀位轨迹仿真时发现刀位轨迹不理想,可以重新修改生成新的刀位轨迹。直至满意为止。

8.4.3 编程实例

如图 8.73 所示,有一型腔模型,材料为 45 钢,调质硬度 HB240。试用 MasterCAM 软件进行三维模型建立和编制加工程序。

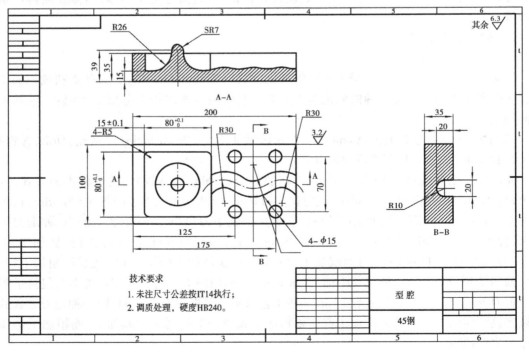

图 8.73 型腔零件图

（1）**零件加工造型**

1）进入 MasterCAM 系统，使用 File/New 建立一个新文件，save 为 T2。

2）利用 Create/Line 菜单功能，画出纵横两条中心对称线。横线输入坐标（-110,0），（110,0），纵线输入坐标（0,-60），（0,60），如图 8.74 所示。

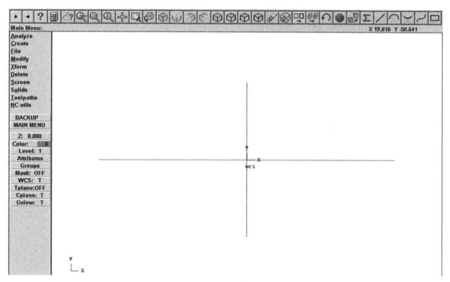

图 8.74　画两条中心线

3）用 Xform 菜单，上、下、左、右偏置中心线，构建 200×100 矩形框的左右边界，如图 8.75 所示。

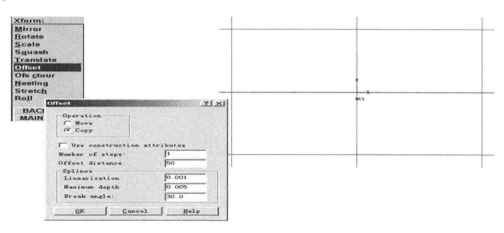

图 8.75　画左右边界线

4）利用 Modify/Trim 菜单功能，构建 200×100 矩形框，如图 8.76 所示（当然，也可以利用 Create/Rectangle 直接画出该矩形，这里只是给出构图的另一种方法）。

5）用 Solid/Extrude 命令，构建实体。并利用 shading ▱图标按钮功能着色显示，如图 8.77 所示。

6）与上述画矩形方法相同，构建 80×80 矩形框。利用 Modify/Fillet 菜单功能，输入圆角

217

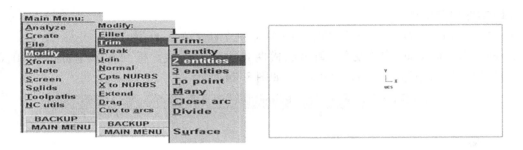

图 8.76　修剪成矩形框

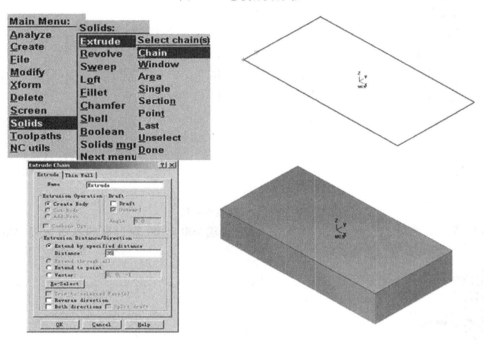

图 8.77　构建实体

半径 5 倒圆,如图 8.78 所示。

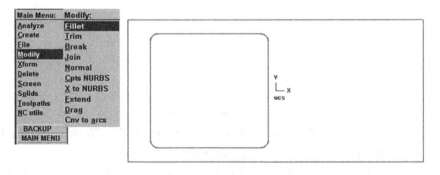

图 8.78　构建 80×80 矩形框并倒圆

7)用 Solid/Extrude 命令,选取 80×80 圆角 R=5 的矩形框,通过相减布尔运算,建立深度 22 的腔体,如图 8.79 所示。

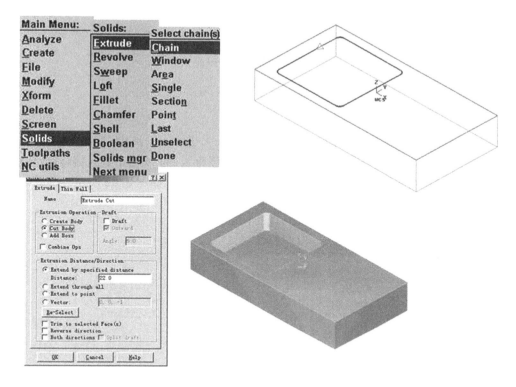

图 8.79　建立深 22 的腔体

8）将视角（Gview）和构图面（Cplane）均选为前视图（Front），如图 8.80 所示。

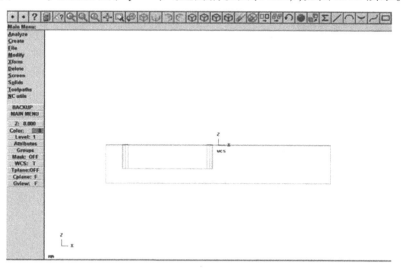

图 8.80　将视角（Gview）和构图面（Cplane）均选为前视图（Front）

9）在主菜单中选取 Create/Line/Vertical 命令画竖直线，起点选取 80×80 型腔底部中点，终点用鼠标拖动到 Y 轴正方向任意位置；Create/Line/Horizontal 命令画水平直线，起点输入（0,4），终点用鼠标拖动到 X 负方向任意位置，如图 8.81 所示，这两条线的交点即为图纸中 SR7 的圆心点。

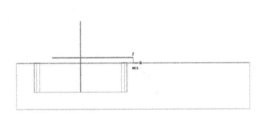
图 8.81　画 SR7 的圆心点

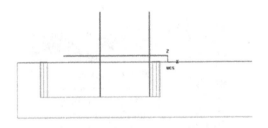
图 8.82　画 R26 圆弧的圆心点

10）利用 Xform/Offset(copy)命令,选上一步建的竖直线,向 X 轴正方向偏移距离33,所得的竖线与上一步建立的水平线的交点即为 R26 圆弧的圆心点,如图 8.82 所示。

11）分别画出 R7、R26 两个圆,如图 8.83 所示。

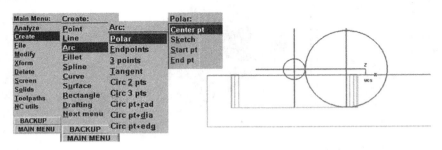
图 8.83　画出 R7、R26 两圆

12）用 Modify/Trim 功能对图形进行修剪,并用 Create/Line/Horizontal 画线封闭该图,结果如图 8.84 所示。

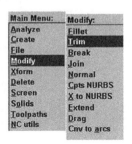
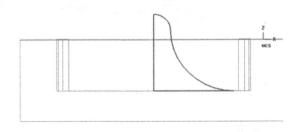
图 8.84　对图形进行修剪

13）选择上一步所建曲线,通过 Solid/Revolve 创建实体,步骤如图 8.85、图 8.86 所示,结果如图 8.87 所示。

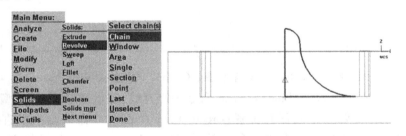
图 8.85　选截面曲线

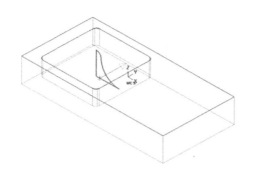

图 8.86　选旋转轴线,输入参数

14)将视角(Gview)和构图面(Cplane)均选为俯视图(Top)。用 Create/Line/Horizontal 菜单命令建立如图 8.88 所示的中心线。

图 8.87　创建实体

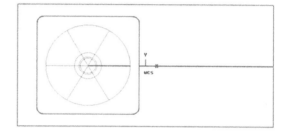

图 8.88　建立中心线

15)将该线段均分为三等分,如图 8.89 所示。

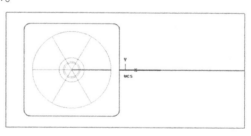

图 8.89　将线段均分为相等的三段

16)通过两点加半径画 R30 圆弧,如图 8.90 所示。

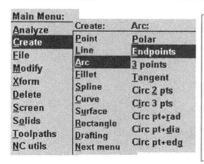

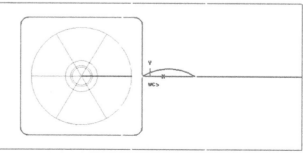

图 8.90　画 R30 圆弧

221

17）依照上步方法，分别画出另外两段圆弧，删除三相等线段，结果如图8.91所示。

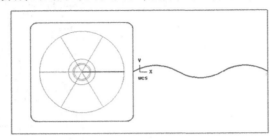

图8.91 画另外两段圆弧

18）将视角（Gview）选为轴测图（Isometric），构图面（Cplane）选为侧俯视图（Side），Z轴深度定为100，如图8.92所示。

19）按照图纸要求，在侧面构图，结果如图8.93所示。

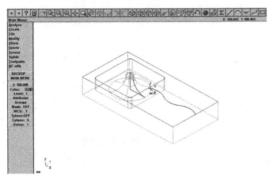

图8.92 变换视角和构图面　　　　　　　图8.93 在侧面构图

20）将构图面（Cplane）选为3D视图状态，利用菜单命令Xform/Translate，将上一步建立的图形拷贝到另一端面。操作方法如图8.94所示。

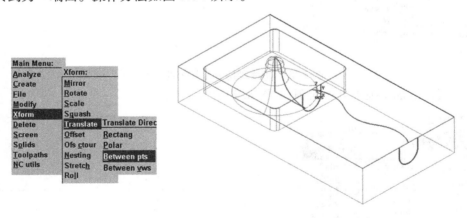

图8.94 将图形拷贝到另一端面

21）构造曲面：菜单命令Create/Surface/Sweep（扫描方式），分别选择两段"U"型截面形，再选导引线，注意方向要一致，如图8.95所示。然后构造曲面，如图8.96所示。

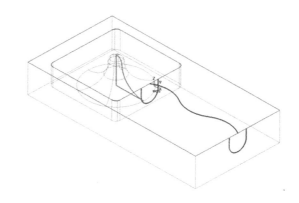

图 8.95　选截面轮廓与导引线

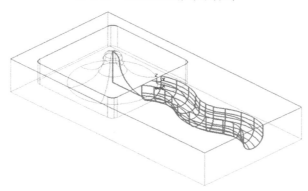

图 8.96　构造曲面

22）利用上一步生成的曲面对原实体进行修剪，步骤和结果如图 8.97 所示。

图 8.97　用曲面修剪实体

23）将视角（Gview）和构图面（Cplane）均选为俯视图（Top），Z 轴深度定为 0，按照图纸要求画出 4 个 φ15 圆弧，如图 8.98 所示。

24）切换视角（Gview）为轴测（Isometric）模式，利用菜单 Solid/Extrude 命令，选择 4 个圆弧，注意方向都要一致。输入 Extrude 参数，生成 4 个孔，结果如图 8.99 所示。完成实体造型，如图 8.100 所示，并存盘。

223

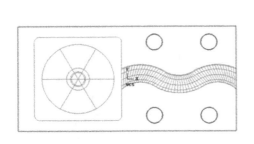

图 8.98　画 4 个 φ15 圆

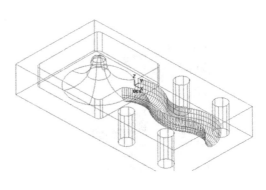

图 8.99　生成 4 个孔

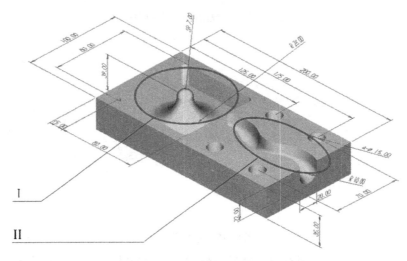

图 8.100　完成实体造型

（2）编制加工程序

1）零件分析

该零件为调质 45 钢,硬度 HB240,根据工艺要求,要在数控机床上加工两部分型腔,钻 4 个孔。

图 8.101　确认系统设置

2）制定以下加工方案:

①采用精密平口钳装夹;

②粗铣 I 部分型腔,采用 φ12 硬质合金球头铣刀;粗铣 II 部分型腔,采用 φ18 硬质合金球头铣刀;

③精铣 I 部分型腔,采用 φ8 硬质合金球头铣刀;精铣 II 部分型腔,采用 φ12 硬质合金球头铣刀;

④ I 部分型腔清根,采用 φ6 硬质合金立铣刀;

⑤采用 φ15 高速钢钻头钻 4 孔。

3）编程过程如下:

①粗铣 I 部分型腔

A.确认系统左下部分如图 8.101 所示,即系统的加工面（T plane）和系统的构图面

224

（C plane）要一致。然后将 I 部分的型腔缺面补齐，具体操作过程如图 8.102 所示。

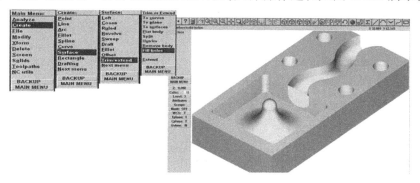

图 8.102　补齐缺面

B. 采用径向铣削，选取加工面，操作如图 8.103 所示。

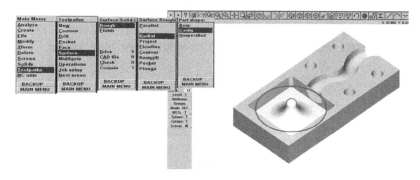

图 8.103　选取加工面

C. 如图 8.104 所示，在 Tool parameters 栏空白处点击鼠标右键，选取粗铣刀具。

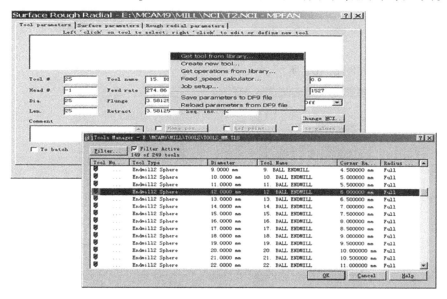

图 8.104　选取粗铣刀具

D. 如图 8.105 所示,输入刀具切削参数。

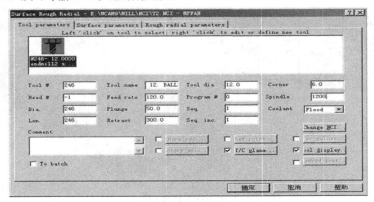

图 8.105　输入刀具切削参数

E. 输入曲面参数,留 0.3 mm 余量作精铣用,设置刀具安全高度、进给点高度等参数,如图 8.106 所示。

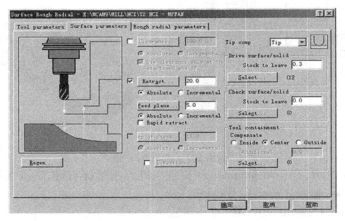

图 8.106　输入曲面参数

F. 设置粗铣参数,如图 8.107 所示。

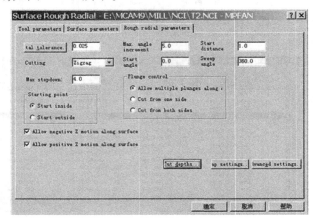

图 8.107　设置粗铣参数

G. 选取下刀点,产生刀具轨迹,所图 8.108 所示。

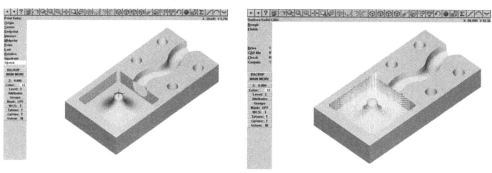

图 8.108　选取下刀点,产生刀具轨迹

②精铣Ⅰ部分型腔

精铣Ⅰ部分型腔采用等高线加工(Contour)方法,需注意以下几点:

A. 选取精加工轮廓加工曲面时,应选取避让干涉面,使刀具不得碰到周围轮廓,如图 8.109所示。

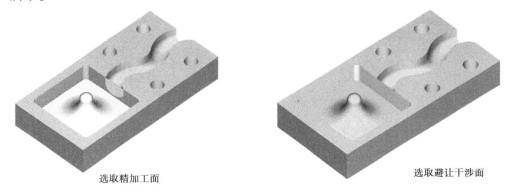

选取精加工面　　　　　　　　　　　　选取避让干涉面

图 8.109　选取精加工面和避让干涉面

B. 设置曲面轮廓精铣参数时,采用顺铣的方式,如图 8.110 所示。

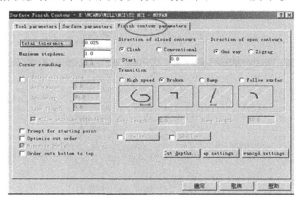

图 8.110　选择采用顺铣方式

C. 生成刀具轨迹如图 8.111 所示。

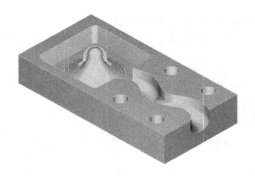

图 8.111　生成刀具轨迹

③ I 部分型腔清根

A. 利用串选功能选型腔底部曲线,如图 8.112 所示。

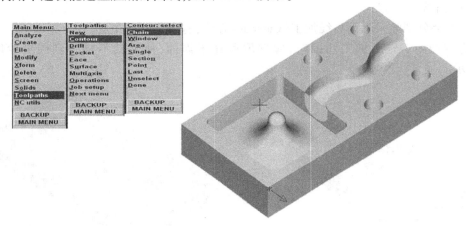

图 8.112　选型腔底部曲线

B. 选取 6 mm 立铣刀,如图 8.113 所示。

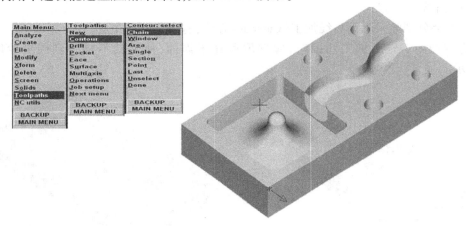

图 8.113　选取 6 mm 立铣刀

C. 设置刀具切削参数,如图 8.114 所示。

D. 设置轮廓参数,配合刚才串连选取轮廓的方向,刀具须选取左侧补正,如图 8.115 所示。

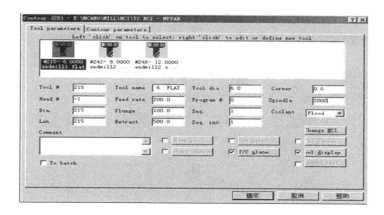

图 8.114　设置刀具切削参数

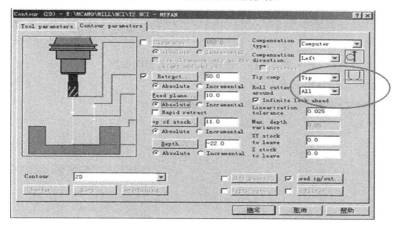

图 8.115　设置轮廓参数

E. 生成刀具轨迹,如图 8.116 所示。

④粗铣加工 Ⅱ 部分型腔

由该图的实际情况,可以用一把较大的铣刀沿该形状的中心线分层吃刀进行加工,这样既简单又经济。

A. 先构造轮廓中心线,向两端延长 12 mm,以备下刀用,如图 8.117 所示。

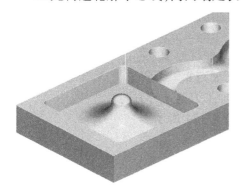

图 8.116　生成刀具轨迹

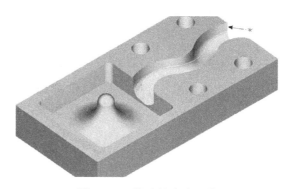

图 8.117　构造轮廓中心线

B. 选取刀具,定义切削参数,如图 8.118 所示。

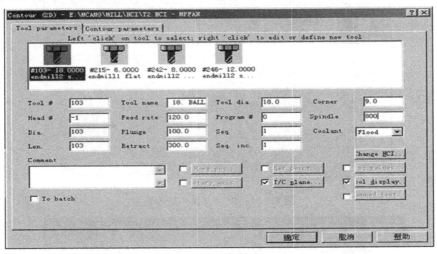

图 8.118　选取刀具,定义切削参数

C. 设置路径参数,如图 8.119 所示。

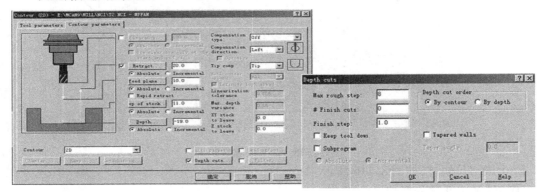

图 8.119　设置路径参数

D. 生成刀具轨迹,如图 8.120 所示。

⑤精铣加工 Ⅱ 部分型腔

精铣 Ⅱ 部分型腔采用曲面流线(Flowline)方式,加工步骤如下:

A. 如图 8.121 按菜单功能选取加工面。

B. 确定切削工艺参数,如图 8.122 所示。

C. 如图 8.123 设定精加工刀具走刀方向。

D. 生成刀具轨迹,如图 8.124 所示。

图 8.120　生成刀具轨迹

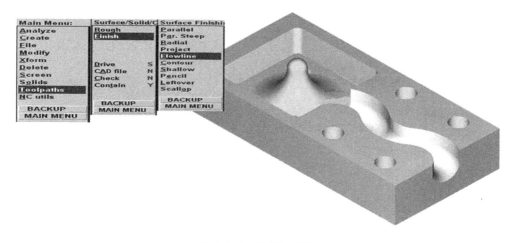

图 8.121　选择加工面

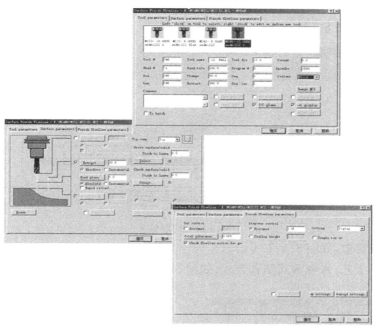

图 8.122　确定切削工艺参数

图 8.123　设定刀具走刀方向

图 8.124　刀具轨迹

⑥孔加工

A.按图 8.125 所示菜单选取孔加工功能。

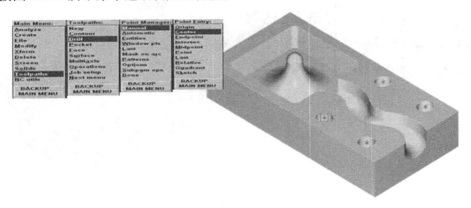

图 8.125　选取孔加工功能

B.选取钻头,如图 8.126 所示。

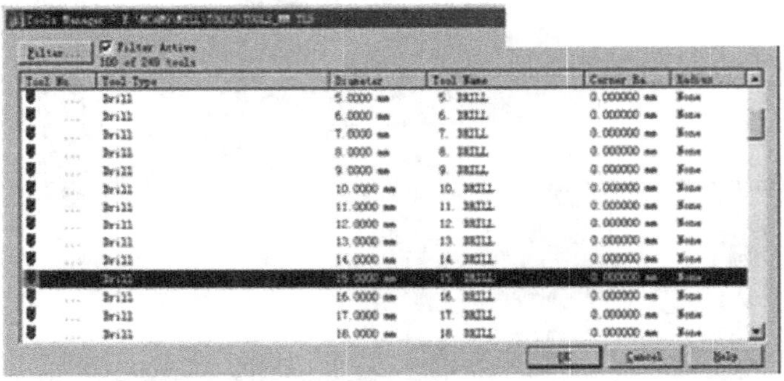

图 8.126　选取钻头

C.确定加工参数,如图 8.127 所示。

D.制定加工工艺,采取啄式钻孔方式,如图 8.128 所示。

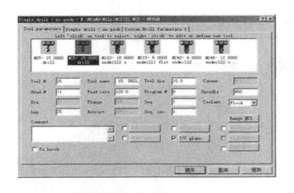

图 8.127　制定刀具参数

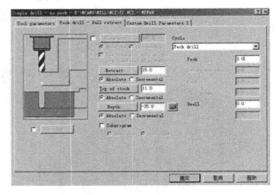

图 8.128　采取啄式钻孔方式

E.产生刀具轨迹如图 8.129 所示。

⑦仿真加工、刀具轨迹校验

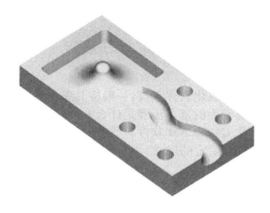

图 8.129　产生钻孔刀具轨迹

所有加工工序完成后,可以通过打开菜单 Toolpaths/Operation 观察所有生成的刀具轨迹,通过各功能键的选项也可以通过 Verify 实体切削仿真功能,对各工序的刀具轨迹进行校验,如图 8.130 所示。

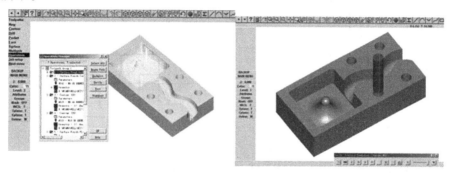

图 8.130　仿真加工、刀具轨迹校验

⑧生成加工程序

如刀具轨迹正确,则可选择相关后置处理文件,生成相应的加工程序,如图 8.131 所示。

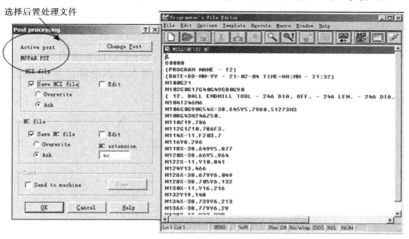

图 8.131　生成加工程序

思考题与习题

1. 一个典型的 CAD/CAM 集成化软件系统,一般应具备哪些功能模块?

2. 用 CAD/CAM 软件系统编程的基本步骤是什么?

3. 国内目前常用的集成化 CAD/CAM 软件有哪些? 这些软件有何特点?

4. 按照图 8.132 所示烟灰缸给定的尺寸,用 CAXA 或 MasterCAM 软件进行造型,并对相关表面进行加工。

5. 如图 8.133 所示零件,用 CAXA 或 MasterCAM 软件进行造型,并对相关表面进行加工。

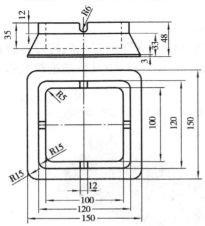

图 8.132　烟灰缸

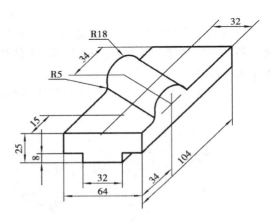

图 8.133　曲面零件

6. 如图 8.134 所示鼠标零件,用 CAXA 或 MasterCAM 软件进行造型,并对相关表面进行加工。

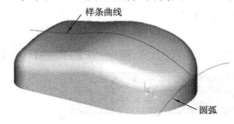

样条型值点:

X Y Z坐标
-70, 0, 20
-40, 0, 25
-20, 0, 30
30, 0, 15

圆弧在平行于YOZ平面内, 圆心: (30, 0, -95),
半径R=110, 要求圆弧沿样条平行导动。

已知二维图:

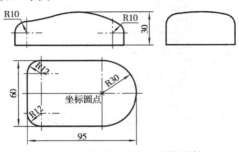

图 8.134　鼠标零件

参考文献

[1] 周济,周艳红编著.数控加工技术[M].北京:国防工业出版社,2002.

[2] 曹凤主编.微机数控技术及应用[M].成都:电子科技大学出版社,2000.

[3] 赵云龙主编.数控机床及应用[M].北京:机械工业出版社,2002.

[4] 吴祖育,秦鹏飞主编.数控机床[M].第三版.上海:上海科学技术出版社,2000.

[5] 李善术主编.数控机床及其应用[M].北京:机械工业出版社,2001.

[6] 许祥泰,刘艳芳主编.数控加工编程实用技术[M].北京:机械工业出版社,2001.

[7] 华茂发主编.数控机床加工工艺[M].北京:机械工业出版社,2000.

[8] 王洪主编.数控加工程序编制[M].北京:机械工业出版社,2002.

[9] 刘雄伟等编著.数控加工理论与编程技术[M].第二版.北京:机械工业出版社,2000.

[10] 扬伟群等编著.数控工艺培训教程[M].北京:清华大学出版社,2002.

[11] 廖伟献编著.数控铣床及加工中心自动编程[M].北京:国防工业出版社,2002.

[12] 廖伟献编著.数控车床加工自动编程[M].北京:国防工业出版社,2002.

[13] 惠延波,沙杰,刘战术,陈国防编著.加工中心的数控编程与操作技术[M].北京:机械工业出版社,2001.

[14] 扬岳,罗意平主编.CAD/CAM原理与实践[M].北京:中国铁道出版社,2002.

[15] 姚英学,菜颖主编.计算机辅助设计与制造[M].北京:高等教育出版社,2002.

[16] 邓奕,苏先辉,肖调生编著.MasterCAM数控加工技术[M].北京:清华大学出版社,2004.

[17] 王卫兵主编.数控编程100例[M].北京:机械工业出版社,2003.

[18] 眭润舟主编.数控编程与加工技术[M].北京:机械工业出版社,2001.

[19] 陈蔚芳、王宏涛主编.机床数控技术及应用[M].北京:科学出版社,2005.

[20] 王荣兴主编.加工中心培训教程[M].北京:机械工业出版社,2006.

[21] 罗学科,李跃中主编.数控电加工机床[M].北京:化学工业出版社,2003.

[22] 张学仁主编.数控电火花线切割加工技术[M].第二版.哈尔滨:哈尔滨工业大学出版社,2004.